# 基于高通量测序的基因组分析

王峥峰　著

科学出版社
北京

## 内 容 简 介

高通量测序已成为生物学研究的重要手段，在生物多样性、物种种质资源开发利用和生物医药领域都发挥了非常重要的作用，因此，如何处理和分析高通量测序数据成为生物学研究的必备技能之一。本书以高通量测序数据在基因组分析中的运用为例，采用分步讲解的方式，图文并茂地介绍了高通量测序数据的基本格式，利用高通量测序数据开展分析的流程、相关程序，程序执行过程及其分析注意事项。同时，对于数据分析运算中的一些中间结果，作者提供了自己编写的程序，以利于获得最终结果。书中提供了 Linux 操作系统安装方法，并基于 Linux 语言命令介绍了高通量测序数据处理过程，其中没有复杂的程序代码，不需要编程语言基础，浅显易懂，具有很强的实践操作性。

本书可供基因组学、生物信息学、遗传学、生态学及相关领域的高校师生和科研人员阅读参考。

**图书在版编目（CIP）数据**

基于高通量测序的基因组分析/王峥峰著. —北京：科学出版社, 2022.6
ISBN 978-7-03-072148-8

Ⅰ. ①基…　Ⅱ. ①王…　Ⅲ. ①基因组–序列–测试　Ⅳ. ①Q343.1

中国版本图书馆 CIP 数据核字（2022）第 068487 号

责任编辑：王海光　郝晨扬 / 责任校对：郑金红
责任印制：吴兆东 / 封面设计：刘新新

科学出版社 出版
北京东黄城根北街 16 号
邮政编码：100717
http://www.sciencep.com
北京中石油彩色印刷有限责任公司 印刷
科学出版社发行　各地新华书店经销
*
2022 年 6 月第 一 版　开本：720×1000 1/16
2022 年10月第二次印刷　印张：10
字数：202 000
**定价：108.00 元**
(如有印装质量问题，我社负责调换)

# 前　言

利用高通量测序进行基因组分析已经成为当前研究物种遗传多样性的主要方法之一，但高通量测序数据量大，相关的操作又多在 Linux 系统下进行，因此很多没有接触过 Linux 系统的读者无法快速掌握相关技能。针对此类问题，本书从 Linux 系统安装到常见命令使用，再到基因组和单核苷酸多态性（single nucleotide polymorphism，SNP）分析，较完整地介绍了高通量测序数据的处理，对于初学者非常适用。关于遗传多样性的一些基本原理、知识，我已经在《分子生态学与数据分析基础》一书中进行介绍，读者可作为参考，本书不再赘述。

在 Linux 系统下进行数据分析，一定会遇到执行命令报错的情况，导致这些问题出现的主要原因如下。①命令（或文件）所在的路径提供不准确，找不到文件。②命令文件不可执行，需要“chmod”命令使文件属性转变为可执行文件，防止出现“权限不够”的报错。③文件版本升级，以前的命令格式已改或依赖文件已不存在。④执行命令中的参数不对，对此可以通过在执行命令后加“-h”、“-help”、“--help”等方法查看命令执行参数要求。⑤python 2 和 python 3 不兼容。⑥挂载的某个 conda 虚拟环境没有退出，导致执行命令过程中找不到某些程序，无法运行。这是由于这些程序没有在此 conda 虚拟环境中安装，而是安装在了另一个 conda 虚拟环境中，因此需要首先退出挂载的 conda 虚拟环境，然后挂载另一个 conda 虚拟环境执行相应程序。⑦内存不足。⑧硬盘容量不足。因此，读者要从多个方面考虑以便解决问题。

阅读本书前，有以下几点需要读者知悉。①我把自己编写的程序和演示数据上传到了我的网站 http://molecular-ecologist.com，读者可以下载学习。我编写的程序并非最优，读者可以自行编写相关程序优化完善。②我演示的数据分析是在我的计算机目录（文件夹）下运行的，也会调用不同目录（文件夹）下的程序，因此演示的数据分析中会带有路径。读者自己安装系统后，目录名会与我的不同，为避免初学者感到疑惑（为何作者提供的代码在读者的计算机上找不到相应的路径），在演示的数据分析中有路径出现的语句下面，我会用下划线表示路径，提示读者执行相同程序的路径可能和我的不同。③由于数据分析所采用的程序会更新，读者可根据需要下载更新程序，不一定要和书中介绍的版本相同。同时，类似的结果用不同的程序也可以得到，读者不需要拘泥于本书介绍的程序。④本书介绍的命令都是在本地计算机安装执行的，相关命令有可能和向大型服务器提交任务式的分析命令不同。

本书得到以下项目资助：中国科学院战略性先导科技专项（XDB31030000）、南方海洋科学与工程广东省实验室（广州）人才团队引进重大专项（GML2019ZD0408）、广东省珍稀濒危植物保育“一中心三基地”项目、国家自然科学基金项目（31370446）、广东省森林资源保育中心广东省珍稀特有植物监测项目。在此表示衷心感谢。

由于作者学识有限，疏漏和不足之处在所难免，请广大读者指出，以便及时更正。

王峥峰
wzf@scbg.ac.cn
2021 年 11 月
于中国科学院华南植物园

# 目　录

# 第一章　Linux 系统安装

Linux 系统很多，我使用的是 Ubuntu Linux 系统，可以从 https://sourceforge.net/projects/osgeo-live/files/13.0/网站下载。这个 Linux 系统已经提前安装了多类编译程序，省去很多烦琐的安装过程。登录到网站界面后，下载其中的“osgeolive-13.0-amd64.iso”文件（图 1），这是 Linux 单机版本。如果想安装虚拟机版本，可下载“osgeolive-13.0-amd64.vmdk.7z”文件。本书介绍的是单机版本的安装。

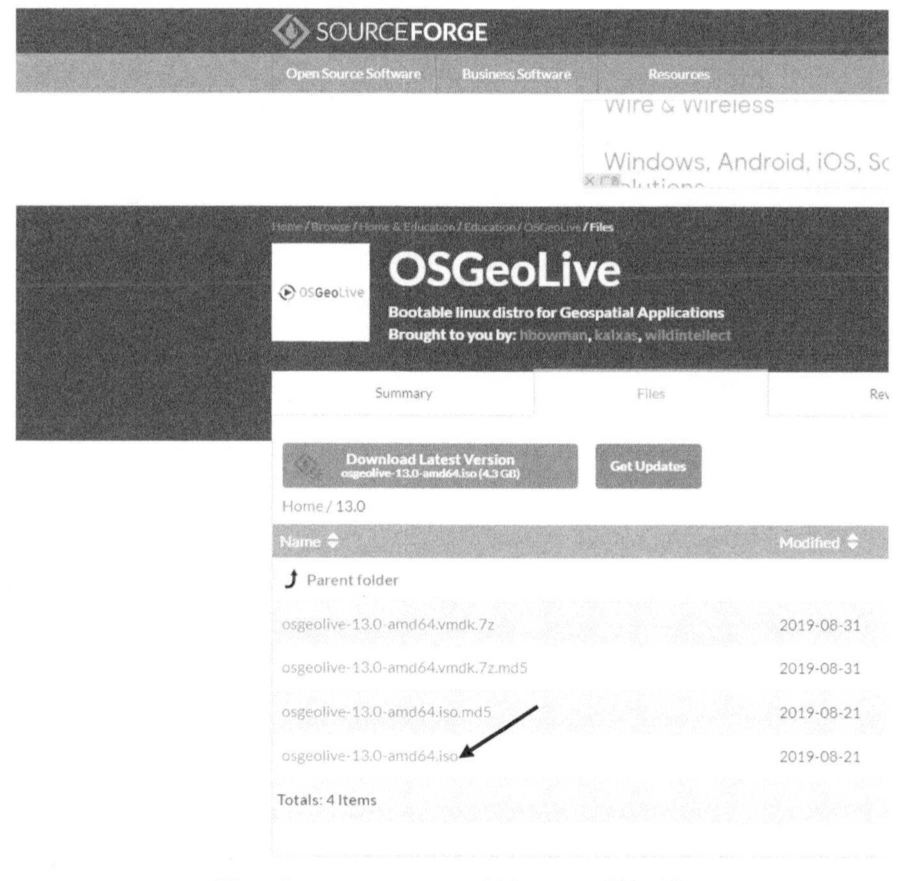


图 1　“OSGeoLive-13.0”版本 Linux 系统下载

准备一个容量大于 8Gb 的空 U 盘，利用 Rufus（http://rufus.ie/zh/）工具把下

载的“osgeolive-13.0-amd64.iso”写入到U盘中，做成U盘启动盘（图2~图8）。请注意，这些是在Windows操作系统下完成的。

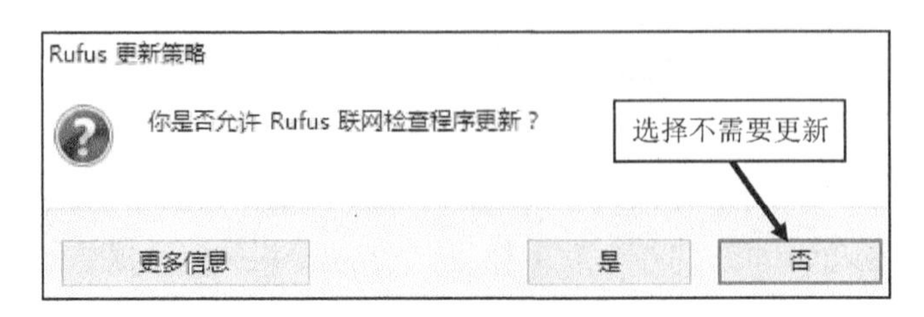


图2 Linux系统安装

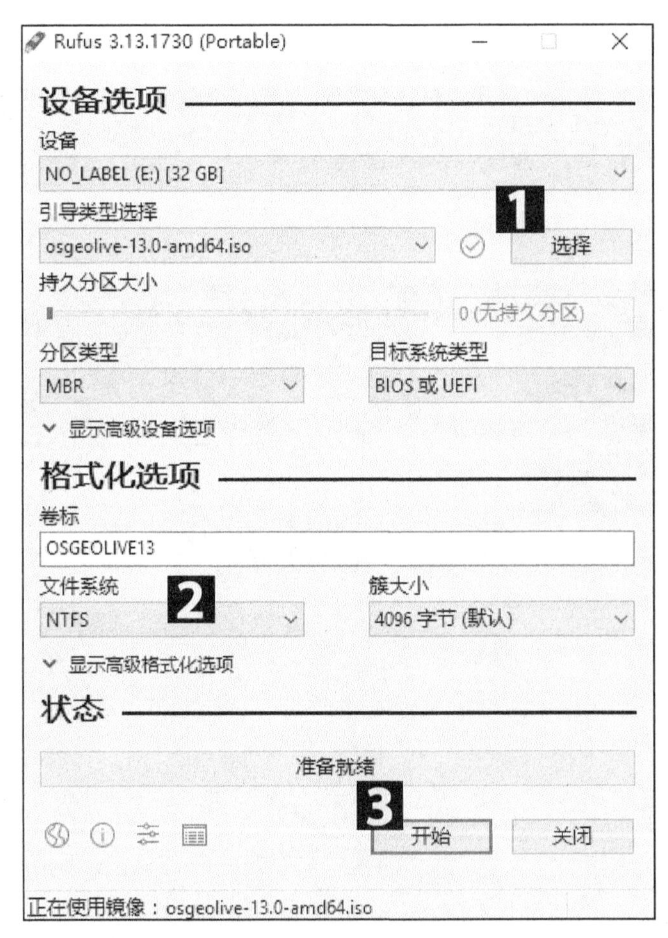


图3 利用Rufus程序把Linux系统写入U盘—1

图中数字1、2、3代表选择或执行步骤。如后图中出现类似数字，意思相同，不再提示

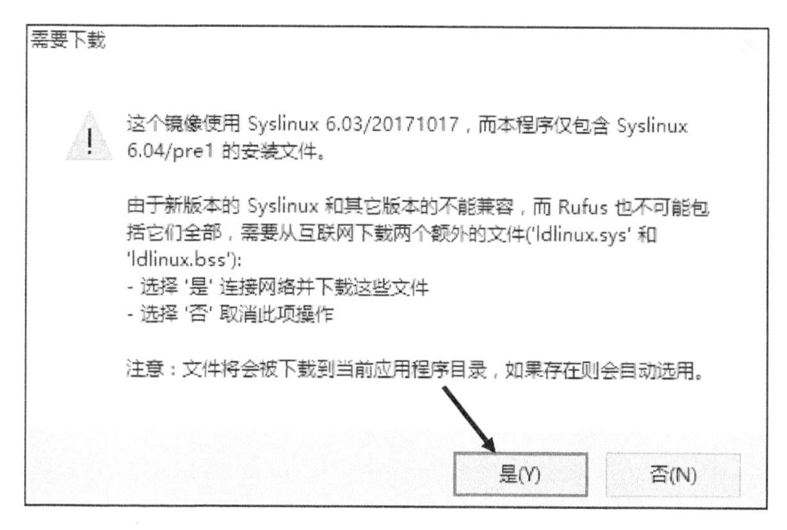


图 4　利用 Rufus 程序把 Linux 系统写入 U 盘—2

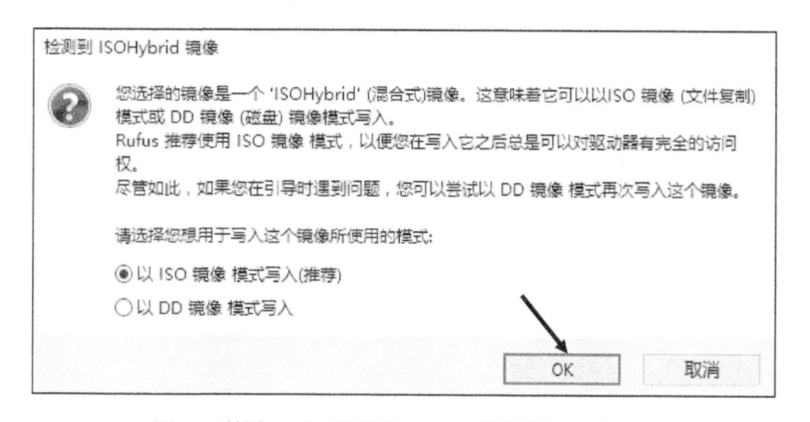


图 5　利用 Rufus 程序把 Linux 系统写入 U 盘—3

图 6　利用 Rufus 程序把 Linux 系统写入 U 盘—4

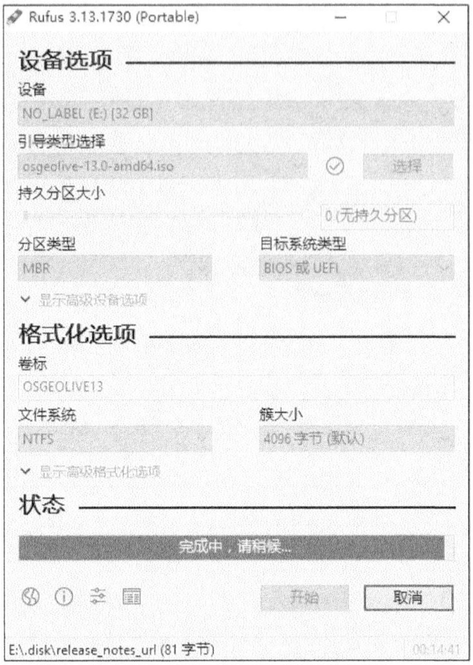

图 7　利用 Rufus 程序把 Linux 系统写入 U 盘—5

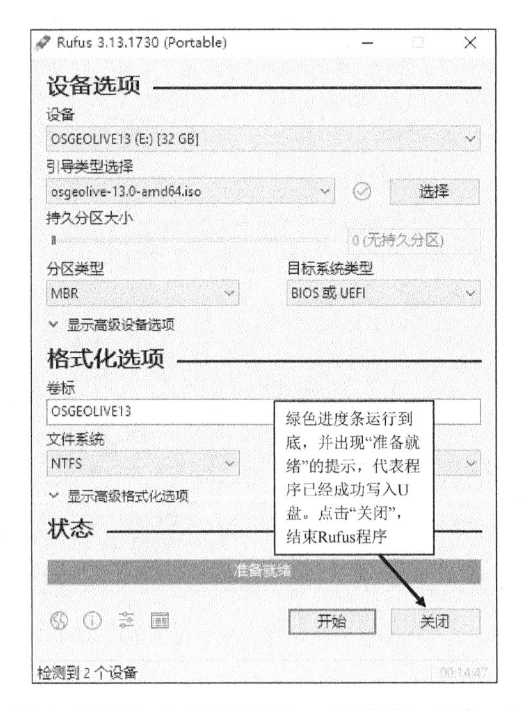


图 8　利用 Rufus 程序把 Linux 系统写入 U 盘—6

安装完成后，重新从 U 盘启动计算机。需要注意的是启动 U 盘时，不要选择 UEFI 模式启动。如图 9 所示，我的 U 盘名字是“AI Mass Storage”（读者的 U 盘和我的名字会不同），在选择 U 盘启动时，不要选择“UEFI：AI Mass Storage，Partition 1”模式，因为安装过程可能报错。成功启动后，会出现对话框询问安装的语言，利用键盘的上下左右键进行选择，读者可按照自己的要求选择语言；之后出现对话框询问是否安装 Lubuntu 系统，选择“安装 Lubuntu”；然后出现选择语言和键盘布局的界面；此后出现“更新和其他软件”对话框，选择“正常安装”、“安装 OSGeoLive 时下载更新”和“为图形或无线硬件，以及其他媒体格式安装第三方软件”；出现“安装类型”，选择“清除整个磁盘并安装 OSGeolive”；最后出现对话框，点击“选择磁盘”，移动上下键，选择合适的磁盘进行 Linux 系统的安装，**注意这一安装过程会删除被安装磁盘内的文件，所以务必选择正确的磁盘并做好备份**。建议买一个容量大一些的硬盘用于系统安装。之后按照提示继续下面的安装操作，包括输入用户名和密码，这里不再一一细述。

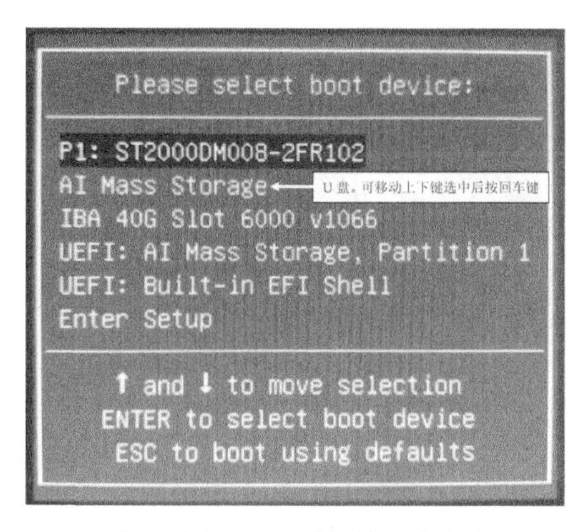


图 9　安装 Linux 系统的 U 盘启动

在本书撰写期间，OSGeoLive 版本更新到了 14.0，读者可以下载该版本进行安装，安装过程大致和 13.0 版本相同。步骤如下：首先选择“中文（简体）”后回车；出现下一个界面时选择“Start OSGeoLive”，回车；出现 OSGeoLive-14.0 的操作界面（类似 Windows 操作界面），选择里面标有“Install OSGeoLive 14.0”的图标；之后出现选择安装字体的选项，可选择中文，然后点击“下一步”，选择时区，可选择“Asia”和“Shanghai”等，点击“下一步”，选择键盘语言，点击“下一步”，选择正确的磁盘，再选择“抹除磁盘”的选项，之后的安装按照提示进行就可以。

# 第二章　Linux 基本命令

Linux 常用命令包括：cd、ls、cat、paste、cut、grep、sort、uniq、sed、head、tail。现以“OSGeoLive-13.0”版本界面为例（图 10），“OSGeoLive-14.0”版本和“OSGeoLive-13.0”版本界面基本一致（图 11）。

安装完成后，就可以启动进入 Linux 界面（图 10），基本和 Windows 界面一致。打开文件夹界面后（图 12），如果觉得小图标界面不合适，对于“OSGeoLive-13.0”版本，可依次点击文件夹界面中的“视图”、“文件夹查看方式”和“紧缩视图”；对于“OSGeoLive-14.0”版本，可依次点击“查看”、“查看”和“列表视图”，就可以得到列表视图。文件夹的最大化、最小化，文件的操作，包括文件复制、粘贴等和 Windows 一致，不再赘述。

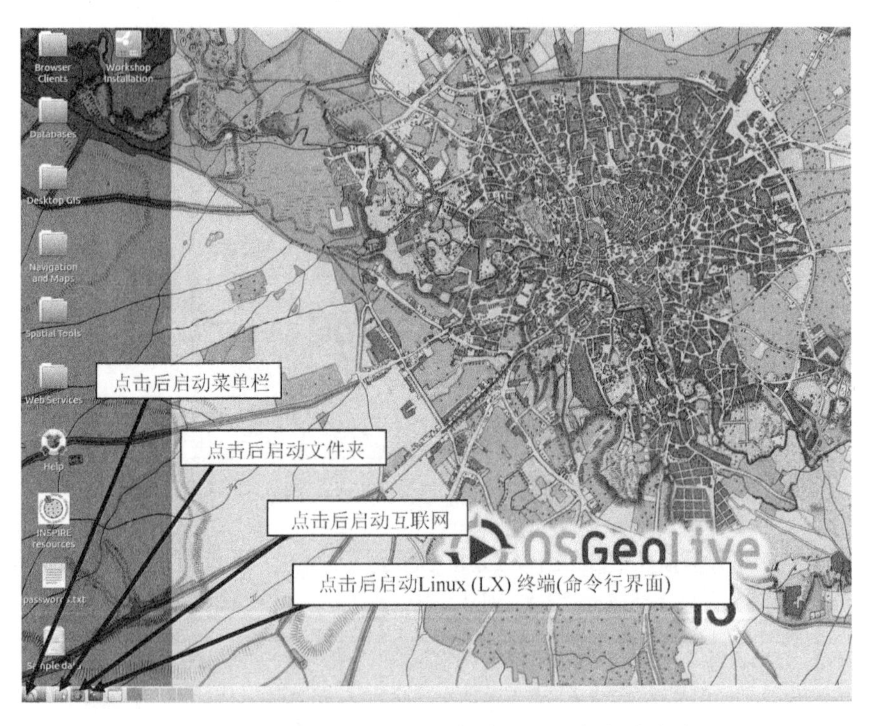


图 10　“OSGeoLive-13.0”版本 Linux 启动后界面

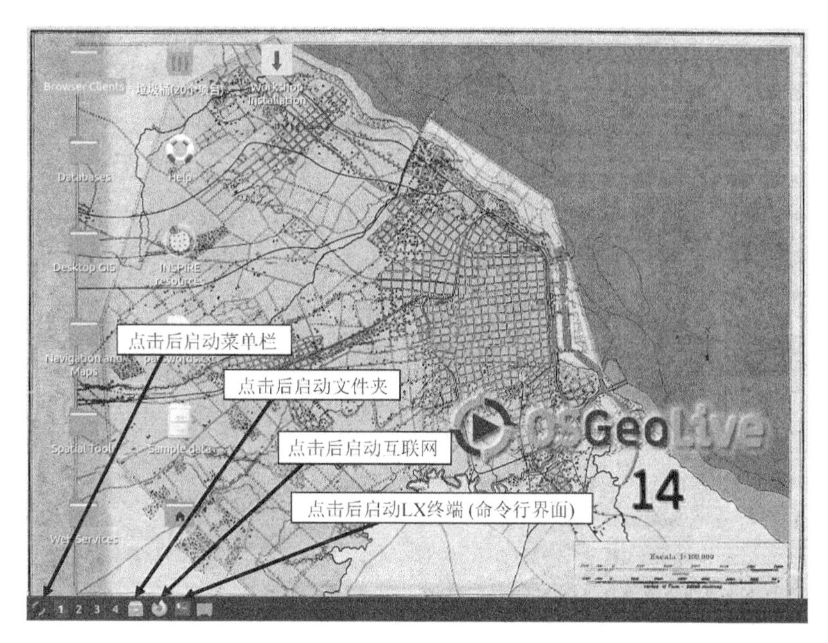


图 11　“OSGeoLive-14.0”版本 Linux 启动后界面

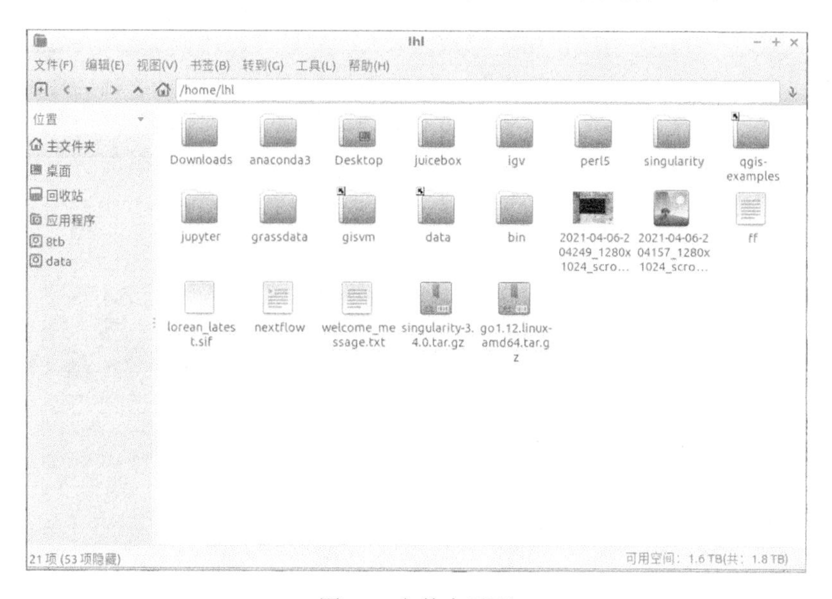


图 12　文件夹界面

打开 Linux（LX）终端界面（图 13），输入命令执行操作。“cd”命令是用于进入目录所在的位置（图 14）。“ls”命令是用于显示目录下包含的文件（图 15）。“cat”命令是把两个或多个文件按照次序上下合并（图 15），其中的“>”代表输出结果到新文件的意思。这里注意，如果直接键入“cat”后面加文件名称，那就

是在终端显示文件中的内容，如“cat A.txt”就是在终端显示“A.txt”文件中的内容。如果执行“cat A.txt >AA.txt”，那就是把“A.txt”文件中的内容输入“AA.txt”文件中，类似复制命令。“paste”命令是把两个文件内容按照列并排合并（图 16）。“cut”命令是把文件中的某一列提取出来（图 17），“AB.txt”包含了两列（见上面的“paste”命令），需要把第 2 列提取出来，就加一个参数“-f 2”，“-f”后面是要提取的列数位置。“grep”命令是把行信息提取出来（图 18），如“grep “d” B.txt >B-d.txt”就是从“B.txt”文件中把包含“d”的行抽提出来；“grep -f B.txt A-B.txt >A-B-B.txt”就是从“A-B.txt”文件中把对应“B.txt”文件中的行提取出来。“sort”命令就是对数据进行排序，“uniq”命令就是把重复的信息去除（图 19），这里要注意如果不先执行“sort”命令，“uniq”命令结果可能不正确，也就是“uniq”命令只对连续排列的数据进行去除重复操作。如图 19 中的“B.txt”文件，虽然有两个“d”字符，但分别在第一行和第三行，它们之间有“D”字符隔开，执行“uniq B.txt”命令后，这两个出现“d”的行都被保留下来，并不会去除重复的“d”，只有执行“sort”命令后，把两个“d”连续排列，中间没有断开后，执行“uniq”命令才能去除重复的“d”。值得注意的是，可以用“|”（管道）命令把两个命令连接起来（图 20），即把两个命令串联成一个命令。“sed”是替换命令（图 21），如把演示文件“B.txt”中的“d”替换为“dd”，就可以用“sed “s/d/dd/g” B.txt >B.dd.txt”，其中“s”是取代的意思，“g”是全局的意思，就是对文件中所有出现的“d”的位置进行取代。“head”命令和“tail”命令分别是显示文件开头几行或末尾几行的内容。例如，如果想显示“A.txt”文件中前 3 行的内容，就可以用“head -n 3 A.txt”，如果是末尾 4 行，就用“tail -n 4 A.txt”。

图 13　LX 终端界面

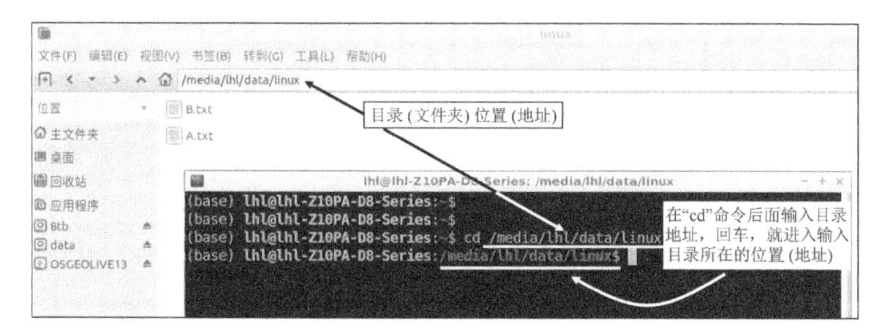

文件(F) 编辑(E) 视图(V) 书签(B) 转到(G) 工具(L) 帮助(H)
/media/lhl/data/linux
目录 (文件夹) 位置 (地址)
B.txt
A.txt
lhl@lhl-Z10PA-D8-Series: /media/lhl/data/linux
(base) lhl@lhl-Z10PA-D8-Series:~$
(base) lhl@lhl-Z10PA-D8-Series:~$
(base) lhl@lhl-Z10PA-D8-Series:~$ cd /media/lhl/data/linux
(base) lhl@lhl-Z10PA-D8-Series:/media/lhl/data/linux$
在"cd"命令后面输入目录地址，回车，就进入输入目录所在的位置 (地址)


图 14 “cd”命令示意图

文件(F) 编辑(E) 视图(V) 书签(B) 转到(G) 工具(L) 帮助(H)
/media/lhl/data/linux
A-B.txt
B.txt
A.txt
A.txt 文件中内容
B.txt 文件中内容
(base) lhl@lhl-Z10PA-D8-Series:~$
(base) lhl@lhl-Z10PA-D8-Series:~$ cd /media/lhl/data/linux
(base) lhl@lhl-Z10PA-D8-Series:/media/lhl/data/linux$ ls
A.txt B.txt
(base) lhl@lhl-Z10PA-D8-Series:/media/lhl/data/linux$ cat A.txt B.txt >A-B.txt
(base) lhl@lhl-Z10PA-D8-Series:/media/lhl/data/linux$


图 15 “ls”命令和“cat”命令示意图

文件(F) 编辑(E) 视图(V) 书签(B) 转到(G) 工具(L) 帮助(H)
/media/lhl/data/linux
A-B.txt
B.txt
A.txt
A.txt 文件中内容
B.txt 文件中内容
lhl@lhl-Z10PA-D8-Series: /media/lhl/data/linux
(base) lhl@lhl-Z10PA-D8-Series:~$
(base) lhl@lhl-Z10PA-D8-Series:~$ cd /media/lhl/data/linux
(base) lhl@lhl-Z10PA-D8-Series:/media/lhl/data/linux$ ls
A.txt B.txt
(base) lhl@lhl-Z10PA-D8-Series:/media/lhl/data/linux$ cat A.txt B.txt >A-B.txt
(base) lhl@lhl-Z10PA-D8-Series:/media/lhl/data/linux$ paste A.txt B.txt >AB.txt
(base) lhl@lhl-Z10PA-D8-Series:/media/lhl/data/linux$


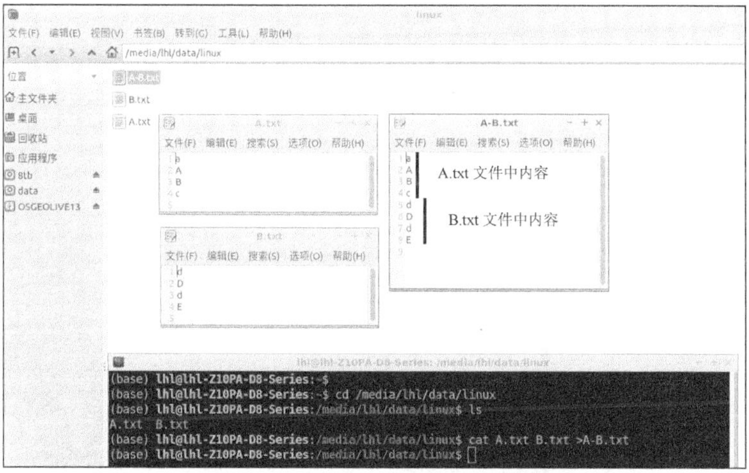

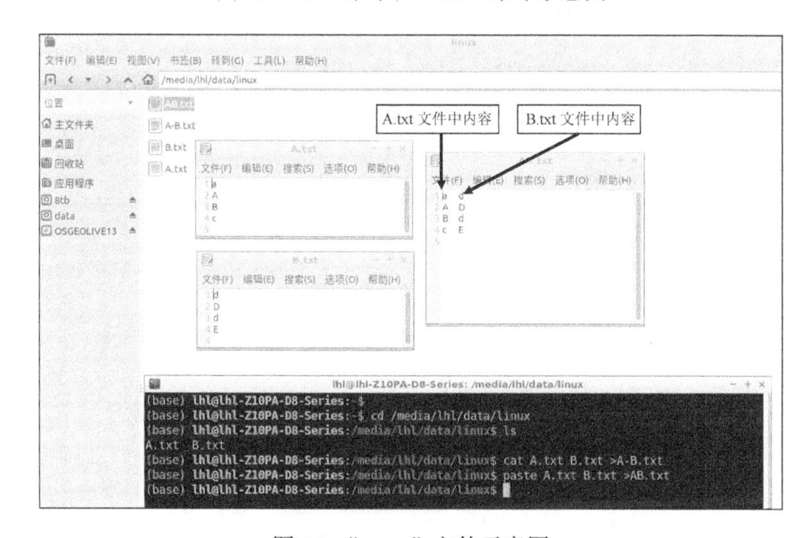

图 16 “paste”文件示意图

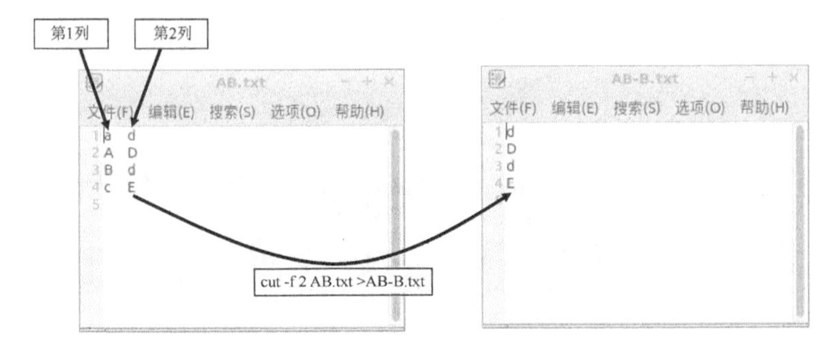


图 17 “cut”命令示意图

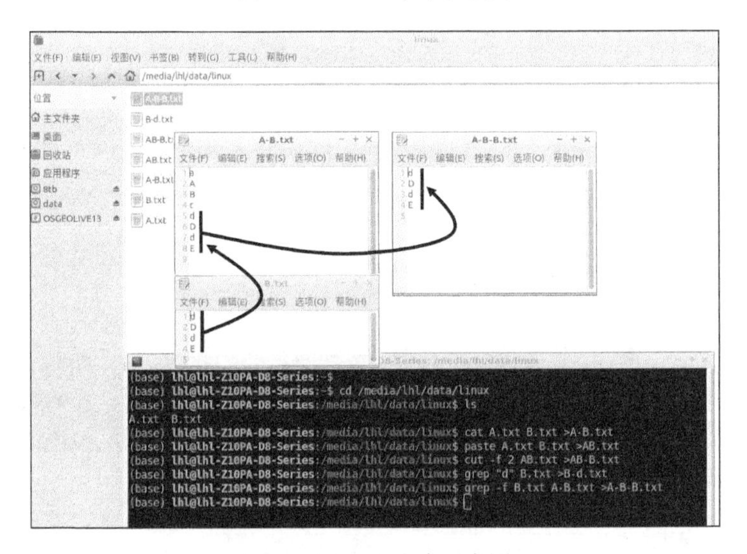


图 18 “grep”命令示意图

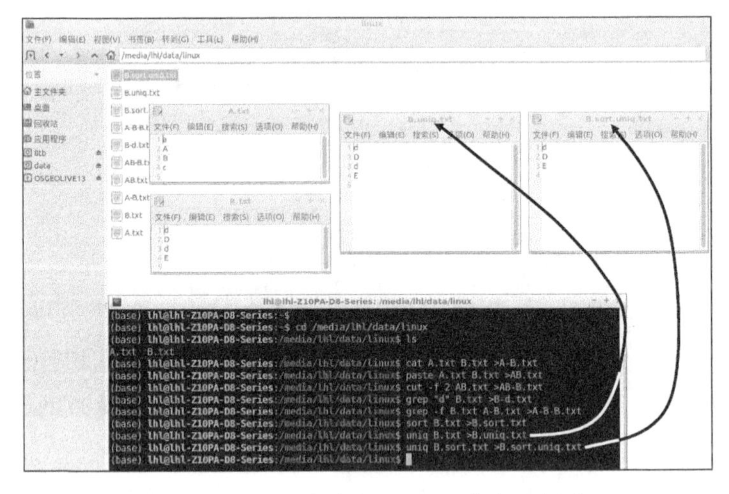


图 19 “sort”命令和“uniq”命令示意图

图 20 “|”（管道）命令示意

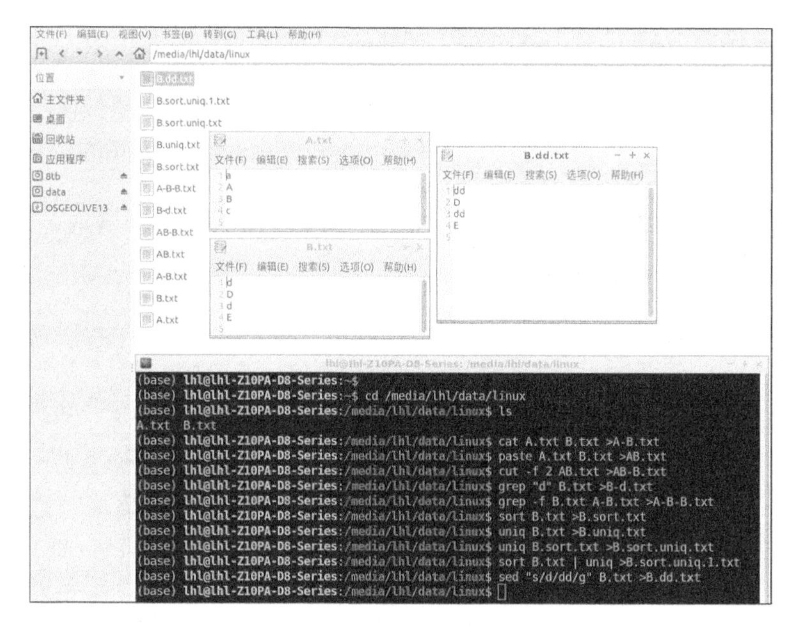


图 21 “sed”命令示意图

上面简单介绍了 Linux 常见命令的使用，其中每个命令都有丰富的参数可供选择，这里不再详细介绍。后面会结合案例进行介绍。

# 第三章 高通量测序数据的常见格式

由于价格高，一般的实验室无法购置高通量测序仪，通常都是把样品送到相关公司进行测序。测序完成后，公司会把原始数据进行简单处理后再发给客户，因此客户拿到的是经过处理后的数据。

因美纳（Illumina）和华大二代测序数据以及 Nanopore 三代测序处理后的数据都是后缀名为“fastq”或“fq”格式，该数据包含了序列和对应的质量数据；PacBio 公司测序数据是后缀名为“bam”的格式，在使用时需要转换为“fastq”或“fq”格式。如果不需要序列对应的质量数据，可以删除这部分，数据就变成后缀名为“fasta”或“fa”格式。一个包含两个序列的 fastq 格式序列如下：

```
@A00541:117:HLNTWDSXY:3:1101:2392:1000
ATATAATTTATTGATATATCTATAATTATAGAATTATAGAAAAACTAGTAGAATA
TA
+
FFFFFFFFFFFFFFFFFFFFFFFFFFFFFFFFFFFFFFFFFFFFFFFFFFFFFFFFF
@A00541:117:HLNTWDSXY:3:1101:4689:1000
GAAGATGCGGACTACCTGCACCTGGACAAAAAGACCCTATGAAGCTTTACT
GTTCCCT
+
FFFFFFFFFFFFFFFFFFFFFFFFFFFFFFFFFFFFFF:FFFFFFFFFFFFFFFFFFF
```

其中两个序列的名字分别为“A00541:117:HLNTWDSXY:3:1101:2392:1000”和“A00541:117:HLNTWDSXY:3:1101:4689:1000”，这些名字是机器测序完成后给出的，包含了一些仪器设备和上机测序信息，读者可不用理会。“@”是开头识别符，每个序列都相同。每个序列数据及其质量数据中间用“+”号分开，序列长度和质量数据一一对应，长度一致。质量数据用 ASCII 码表示，读者不用逐个核对其代表的质量信息，相关程序会自动识别、过滤、去除其中的低质量数据。由于“fastq”格式数据包含了质量数据信息，文件占用磁盘空间会很大，可以把上面“fastq”格式数据转换为“fasta”格式数据。“fasta”格式数据如下：

```
>A00541:117:HLNTWDSXY:3:1101:2392:1000
ATATAATTTATTGATATATCTATAATTATAGAATTATAGAAAAACTAGTAGAATA
```

```
TA
>A00541:117:HLNTWDSXY:3:1101:4689:1000
GAAGATGCGGACTACCTGCACCTGGACAAAAAGACCCTATGAAGCTTTACT
GTTCCCT
```

即删除“+”行和质量数据行，只保留了序列名和序列数据，序列名的开头识别符变为“>”。

对于二代测序数据，又可以采用单端和双端两种测序方法，如果是单端测序，那就只有一组数据，单个文件；如果是双端测序，就会得到两组数据，两个文件，代表正反两个测序结果，如用“F.fastq”、“R1.fastq”等后缀名代表正向一端测序结果，用“R.fastq”、“R2.fastq”等后缀名代表反向一端测序结果；正反两个测序文件组成一个“对（pair）”，要配合在一起使用。二代测序数据在测序建库时可以把基因组序列随机打断成 300bp，然后两端相向进行测序，各测定 150bp，称为 PE150 测序模式（其中“PE”是“paired end”的缩写）；也可以把基因组序列随机打断成 500bp，然后两端相向进行测序，各测定 250bp，称为 PE250 测序模式。

在数据后期处理中，需要把原始数据和基因组进行比对（mapping），得到的结果为后缀名为“sam”的文件，由于 sam 格式的数据文件太大，为便于存储，可转换为以“bam”为后缀名的文件。把“sam”格式或“bam”格式文件中单核苷酸多态性（SNP）或者插入缺失（Indel）位点提取出来，得到的是后缀名为“vcf”的文件，文件格式为 vcf 格式。一个简单的 vcf 格式文件如下：

```
##fileformat=VCFv4.2
##fileDate=20200918
##source=freeBayes v1.3.2-dirty
##reference=reference.fasta
##INFO=<ID=NS,Number=1,Type=Integer,Description="Number of samples with data">
##FORMAT=<ID=GT,Number=1,Type=String,Description="Genotype">
##FORMAT=<ID=DP,Number=1,Type=Integer,Description="Read Depth">
#CHROM POS   ID     REF ALT QUAL    FILTER INFO FORMAT S222    S226
  CHR1  191  C1-191  G   A  4026.44 PASS   NS=2 GT:DP  0/1:34  0/1:40
  CHR1  424  C1-424  G   A  4301.1  PASS   NS=2 GT:DP  0/1:25  0/1:36
  CHR2  613  C2-613  T   A  4724.35 PASS   NS=2 GT:DP  0/0:31  0/0:45
```

文件内容包含两个染色体，分别为“CHR1”和“CHR2”；3 个变异位点，分别为“C1-191”、“C1-424”和“C2-613”；两个个体，分别为“S222”和“S226”。以“##”和“#”开头的行是信息行，其余的是数据行。“#”行中，“CHROM”为参考基因组（reference genome）中的染色体号，“POS”是对应染色体上有变异的位置（位点），“191”就是“CHR1”染色体序列第 191 位有变异；“ID”是变异位点对应的名称，读者可按照自己的要求命名；“REF”是参考基因组在指定位点的碱基类型；“ALT”是不同个体测序数据比对到参考基因组后在这个位点的碱基类型，如“CHR1”染色体第“191”这个位置，参考基因组在这个位置的碱基是“G”，但在分析的个体中，有个体检测到在这个位置是“A”，和参考基因组不同，就写在“ALT”栏下；“QUAL”是“ALT”这个碱基变异的可靠程度，用于防止高通量测序过程中测错导致的误判，这个值是通过所有与参考基因组比对的个体的测序数据计算出来的；“FILTER”代表这个位点变异是否通过评判；“INFO”是程序分析中运行参数和用于判断变异位点可靠性的信息集合，这里只给出其中一个“NS”作为例子，“NS”代表“Number of samples with data”，在“##”行中有对应的说明行，“NS=2”就是分析个体数为 2；“FORMAT”是最终每个个体结果信息说明集合，与后面不同个体的结果对应，如“GT”和“DP”分别为“Genotype”和“Read Depth”，在“##”行中有对应的说明。对应这两个信息，后面两个个体分别列出它们的结果，如“S222”个体，在“C1-191”这个位点，对应的“GT”为“0/1”，对应的“DP”为 34；“S226”个体，在“C1-191”这个位点，对应的“GT”为“0/1”，对应的“DP”为 40。

# 第四章　基因组组装

## 第一节　基因组大小估测

在组装基因组之前，需要对基因组大小进行初步估算，用于评估后期组装效果。一般利用二代基因组测序数据进行估算。基本步骤包括低质量二代测序数据的过滤和纠错，再用过滤和纠错后的数据进行基因组大小的估算。关于二代测序数据的过滤程序，我用的是“sickle”程序，其下载地址是 https://github.com/najoshi/sickle。github 网址中的程序有两种下载方式（图 22），第二种下载方式下载的是以“.zip”为后缀的压缩文件，下载后可以直接双击鼠标解压，然后在 LX 终端安装。如果压缩文件非常大，可以直接打开 LX 终端，利用“gzip”命令解压，后面会有介绍。如果用“git clone”这种方式进行下载，可参考图 23 进行下载和安装程序，其步骤和命令如下，下载命令为“git clone”，下载程序后，进入程序所在目录，安装程序，命令为“make”。

安装完成后就可以运行 sickle 程序，命令如下：

```
./sickle pe -f GECJ.F.fastq -r GECJ.R.fastq -t sanger -o GECJ.F.trimmed.fastq -p
GECJ.R.trimmed.fastq -s GECJ.single.trimmded.fastq -q 30 -l 80
```

其中“pe”代表对双端测序数据进行过滤；“-f”和“-r”分别对应正反两个方向测定的二代数据；“-o”和“-p”分别对应正反两个方向测序数据过滤后的结果文件，读者可自行定义文件名称；“-s”是正反两端序列过滤后，某一端全部被过滤，只剩下另一端，成为不成对的单个（single）序列。这里注意“./”代表在当前目录下执行这个文件，如果只写“sickle”会报错，提示找不到文件。在上述例子中，“GECJ.F.fastq”和“GECJ.R.fastq”两个文件与“sickle”命令在同一个文件下，所以不用提供路径。

过滤后，可以利用“RECKONER”程序进行纠错，下载地址是 https://github.com/refresh-bio/RECKONER/releases/tag/v1.2。打开网页后下载“RECKONER12-Linux.tar.gz”文件，双击鼠标解压，其中包括 3 个程序，这些程序无须安装，修改文件权限（利用“chmod”命令）后可直接运行。把这 3 个程序拷贝到刚才执行二代数据过滤的目录下，执行如下命令：

chmod 777 *

./reckoner -read GECJ.F.trimmed.fastq -read GECJ.R.trimmed.fastq -read GECJ.single.trimmded.fastq -memory 240

“chmod”后面的“777”代表使文件可读、可写、可执行，“*”是“所有的”意思，这里是指用“chmod”命令把所有的文件属性都改为可读、可写、可执行；“reckoner”后面的“-read”后面是上面“sickle”命令执行后生成的 3 个文件，“-memory”是内存大小，读者按照自己的计算机大小进行设置，如这里我的计算机内存大小是 256G，因此设置为“240”，不超过 256G 即可。

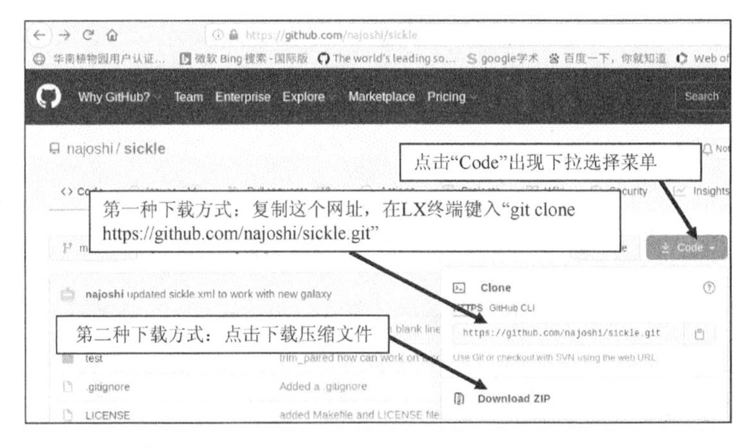


图 22　github 网站程序下载

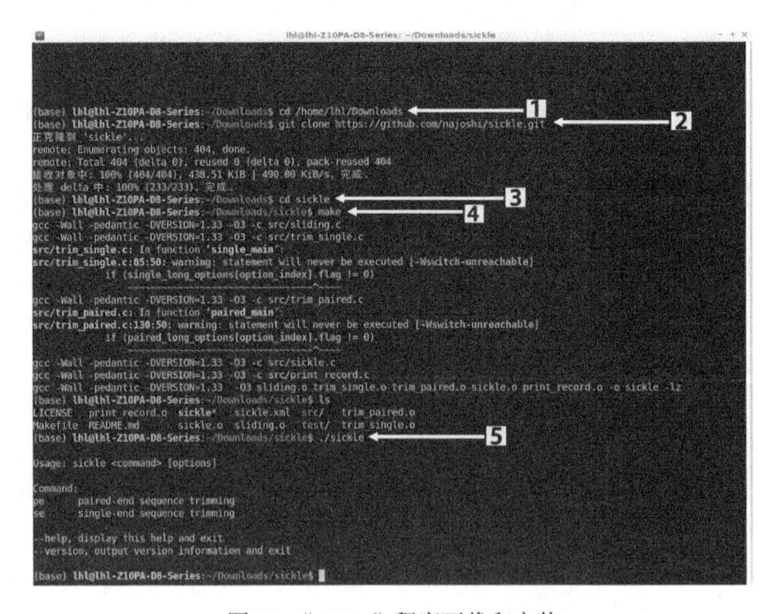


图 23　“sickle”程序下载和安装

最后用“KmerGenie”程序进行基因组大小的估算，下载地址是 http://kmergenie.bx.psu.edu/。打开网站后，下载“kmergenie-1.7051.tar.gz”文件。双击解压，程序可以直接运行，无须安装。如果想安装，可以执行“python2 setup.py install”。

在运行“KmerGenie”程序之前，需要准备一个文件，文件里包括上面过滤和纠错后的测序数据文件名称与目录路径（图 24~图 28），然后执行如下命令：

/media/lhl/data/GECJ/kmergenie-1.7051/kmergenie --diploid file_list -k 141

其中，“--diploid”代表采用二倍体模式（即要被分析的物种为二倍体）进行基因组大小的估算；“file_list”是图 24~图 28 创建的包括测序数据目录和文件名的文件；“-k 141”是最大“k-mer”估算值。例如，我采用 PE150 方式进行测序，即两端各测定 150bp，所以选择“k-mer”最大为 141bp，不超过 150 即可。“k-mer”代表把序列分解成指定的长度。例如，对于“agttgacgcg”这段 10bp 的序列，k-mer=8 时，就按照 8bp 生成三段序列，即“agttgacg”、“gttgacgc”和“ttgacgcg”，从左到右依次分解序列。图 29 显示的是“KmerGenie”执行过程中的状态。

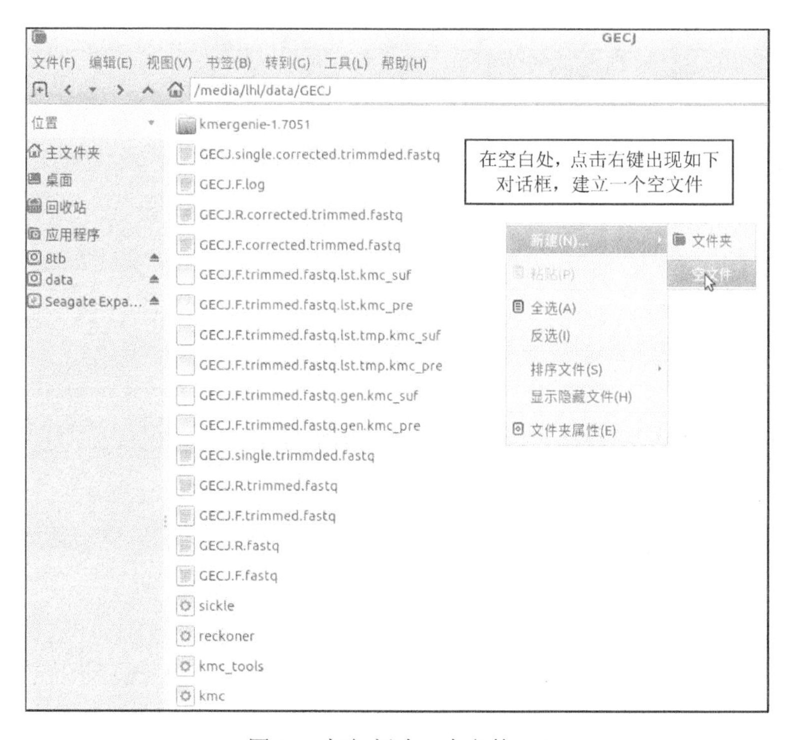


图 24　如何新建一个文件—1

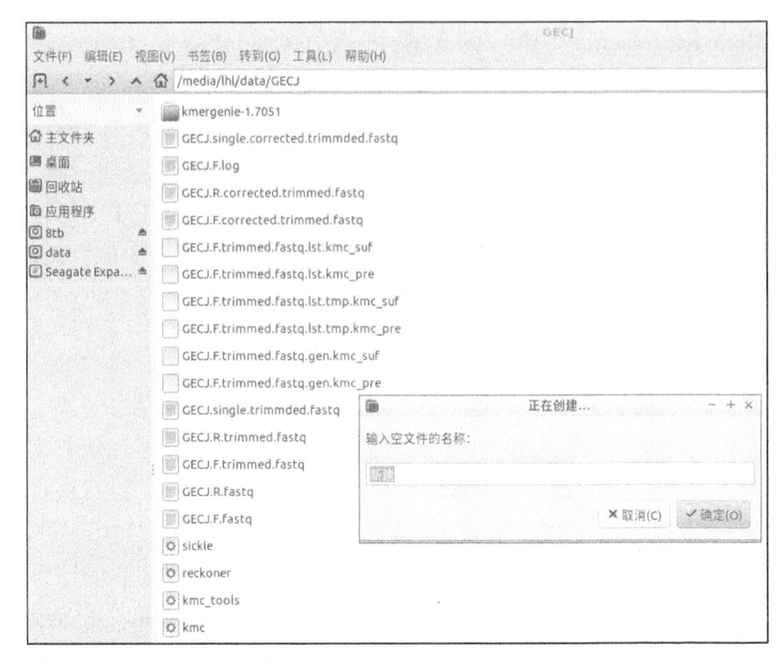


图 25 如何新建一个文件—2

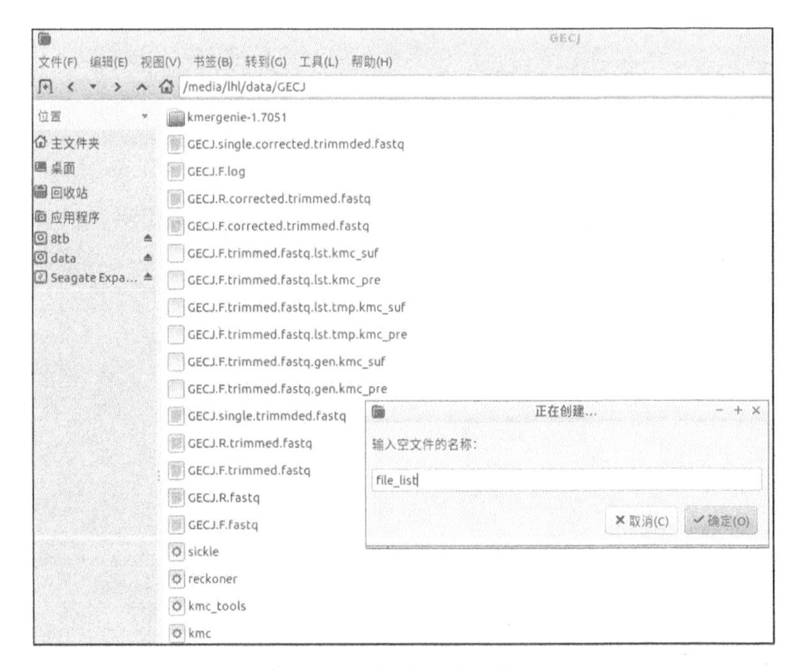


图 26 如何新建一个文件—3

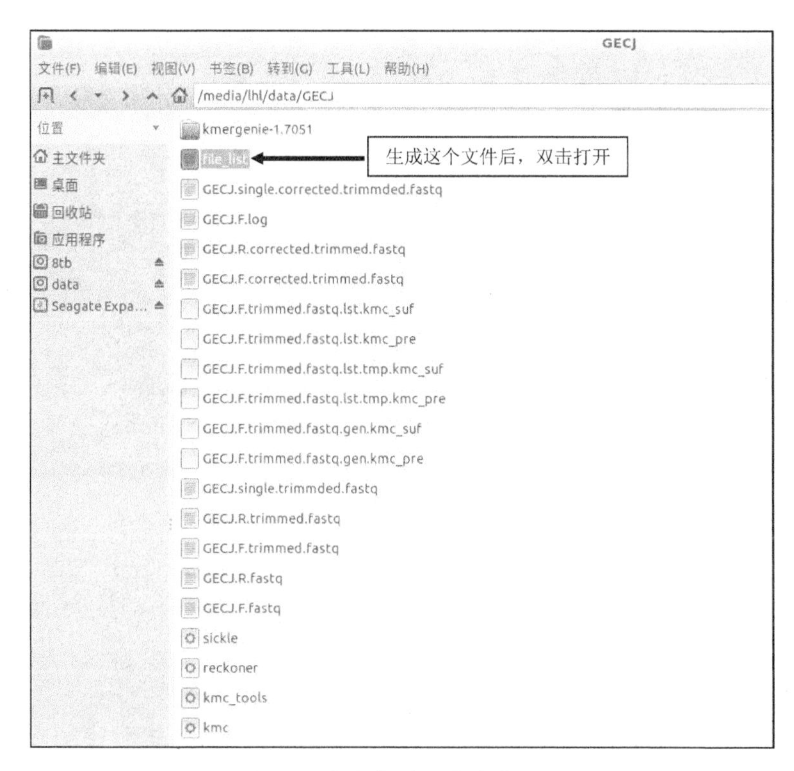


图 27　如何新建一个文件—4

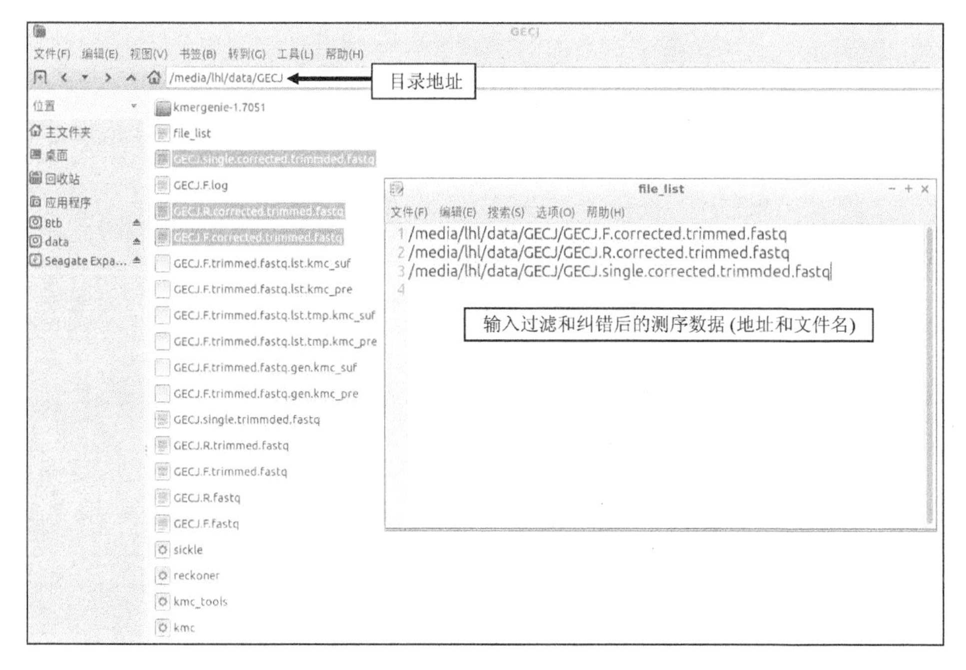


图 28　如何新建一个文件—5

```
lhl@lhl-Z10PA-D8-Series: /media/lhl/data/GECJ
(base) lhl@lhl-Z10PA-D8-Series:~$ cd /media/lhl/data/GECJ
(base) lhl@lhl-Z10PA-D8-Series:/media/lhl/data/GECJ$ /media/lhl/data/GECJ/kmergenie-1.7051/kmergenie
KmerGenie 1.7051

Usage:
    kmergenie <read file> [options]

Options:
    --diploid     use the diploid model (default: haploid model)
    --one-pass    skip the second pass to estimate k at 2 bp resolution (default: two passes)
    -k <value>    largest k-mer size to consider (default: 121)
    -l <value>    smallest k-mer size to consider (default: 15)
    -s <value>    interval between consecutive kmer sizes (default: 10)
    -e <value>    k-mer sampling value (default: auto-detected to use ~200 MB memory/thread)
    -t <value>    number of threads (default: number of cores minus one)
    -o <prefix>   prefix of the output files (default: histograms)
    --debug       developer output of R scripts
    --orig-hist   legacy histogram estimation method (slower, less accurate)
(base) lhl@lhl-Z10PA-D8-Series:/media/lhl/data/GECJ$ /media/lhl/data/GECJ/kmergenie-1.7051/kmergenie --diploid file_list -k 14
1
running histogram estimation
list of reads:
/media/lhl/data/GECJ/GECJ.F.corrected.trimmed.fastq
/media/lhl/data/GECJ/GECJ.R.corrected.trimmed.fastq
/media/lhl/data/GECJ/GECJ.single.corrected.trimmded.fastq
Setting maximum kmer length to: 150 bp
computing histograms (from k=21 to k=141):
```

只运行命令，可以看到执行提示，参数提示符

命令执行中的状况，不要按键输入任何字符

图 29 “KmerGenie”命令执行中显示的信息

KmerGenie 执行完成后，会生成一个“histograms_report.html”文件（图 30），双击打开，就可以看到结果（图 31），我这个例子的基因组大小是 298 066 766bp。

图 30 “KmerGenie”运行后生成的结果文件

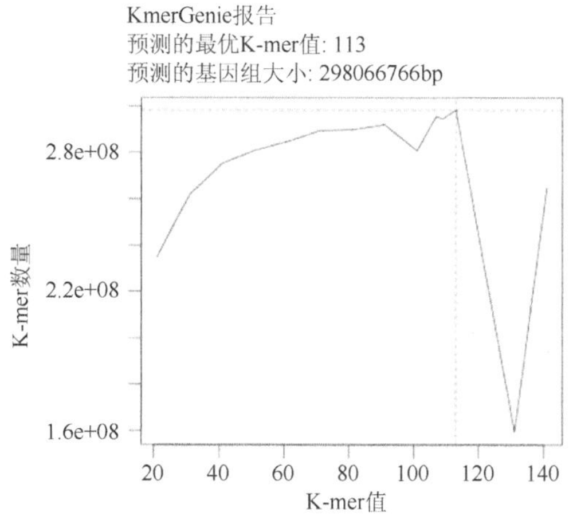


图 31 “KmerGenie”生成的结果

## 第二节　基于 PacBio HiFi 模式测序数据的基因组组装

PacBio HiFi 测序是一种可保证较高准确度的测序方法，提供的一般是去除接头和低质量数据的测序数据文件，文件后缀名为“.bam”、“.pbi”、“.xml”等（图 32），其中在以“.subreads.bam”为后缀名的文件中，测序数据不能直接使用，要转换为“fastq”或“fasta”格式才能用于序列组装，这里采用 PacBio 公司提供的“CCS”程序进行格式转换。“CCS”程序除了数据格式转换，还包括序列纠错，因此生成的测序数据整体错误率很低，组装的结果更可靠。“CCS”程序的下载网址是 https://github.com/PacificBiosciences/ccs/releases/tag/v6.0.0，下载文件名为“ccs.tar.gz”。程序下载后，鼠标直接双击可以解压缩，解压后的文件无须安装。我下载的“CCS”目录是“/home/lhl/Downloads/”，然后运行如下路径[①]：

```
cd /media/lhl/14tb-1/GECJ/r64181_20210204_100508/1_A01
```

首先进入 PacBio HiFi 测序数据所在的目录（读者的目录会和我的不同），

```
chmod 777 /home/lhl/Downloads/ccs
```

用“chmod”命令改变文件权限，使“CCS”程序文件可执行。“chmod”是全局命令，在任何目录下都可以执行，不用提供目录路径。

①本书中出现路径时会加下划线，提示读者执行相同文件的路径可能有所不同。

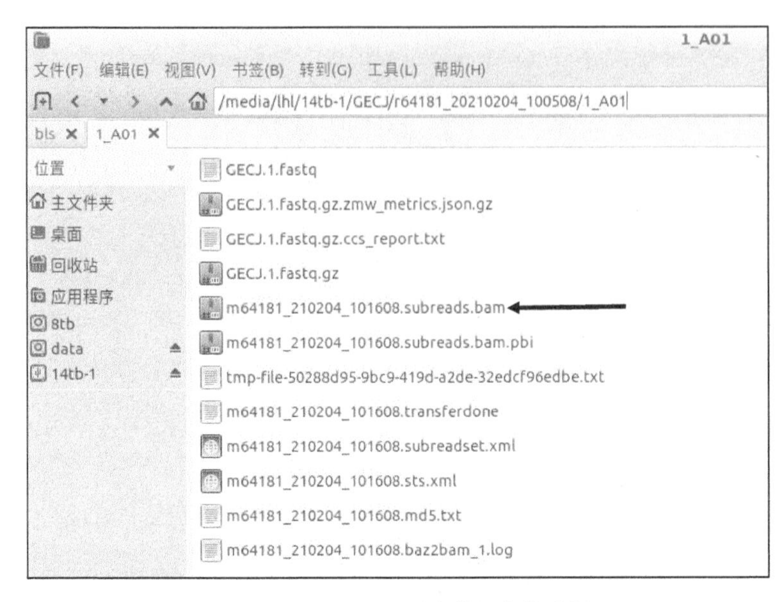


图 32 PacBio HiFi 测序数据文件举例

/home/lhl/Downloads/ccs m64181_210204_101608.subreads.bam GECJ.1.fastq.gz -j 48

其中“m64181_210204_101608.subreads.bam”是测序数据文件；“GECJ.1.”是需要转换的文件名称，读者可以按照自己的测序结果文件名称进行修改；“fastq.gz”是固定的格式，是指执行“CCS”程序转换为“fastq”的压缩格式（gz 代表一种压缩的后缀名）；“-j”是一个提示符，提示后面需要加一些参数，这里是指线程数。我这里用的计算机线程数是“48”，因此填写“48”。计算机的线程数可以用“lscpu”命令进行查看，这一命令可以在任一目录下执行。执行后，屏幕上会出现计算机 CPU 信息，线程数会出现在“CPU(s)”条目后面。

gzip -d -k GECJ.1.fastq.gz

把上一步执行“CCS”程序后生成的“GECJ.1.fastq.gz”文件解压缩。“-d”是解压缩；“-k”是解压后保留原始数据不要删除，否则会在解压缩后把以“.gz”为后缀名的压缩文件删除。

cd /media/lhl/14tb-1/GECJ/r64181_20210112_025724/1_A01

进入另一个目录，对另一个 HiFi 测序数据进行格式转换。对于较大的基因组，如果只测一个通道（测一个“cell”数据量，PacBio 测序度量单位），那么测序数据量较少，基因组组装效果会较差，因此需要多测几个通道（多测几个“cell”数据量），这样就会得到多个 HiFi 测序数据，需要分别对它们进行“bam”到“fastq”格式转换。

```
/home/lhl/Downloads/ccs m64181_210112_030842.subreads.bam GECJ.2.fastq.gz -j 48
gzip -d -k GECJ.2.fastq.gz
```

对另一个 HiFi 测序数据进行同样的转换和解压缩操作。然后运行：

```
cd /media/lhl/14tb-1/GECJ
```

回到上一层目录，然后运行：

```
cat /media/lhl/14tb-1/GECJ/r64181_20210204_100508/1_A01/GECJ.1.fastq /media/lhl/14tb-1/GECJ/r64181_20210112_025724/1_A01/GECJ.2.fastq > GECJ.CCS. fastq
```

利用“cat”命令把两次转换好的“fastq”文件进行合并。

由于提供的测序数据中序列接头可能没有去除干净，需要再次进行接头去除。首先下载“seqkit”序列处理程序，下载地址是 https://github.com/shenwei356/seqkit（图 33），下载后双击鼠标可以解压缩，程序无须编译，可以直接使用。我下载的“seqkit”放在了“/media/lhl/8tb/software”目录下，然后运行：

```
chmod 777 /media/lhl/8tb/software/seqkit
```

用“chmod”命令改变文件权限，使文件可执行。

```
/media/lhl/8tb/software/seqkit fq2fa GECJ.CCS.fastq >GECJ.CCS.fasta
```

将“fastq”格式装换为“fasta”格式，然后下载去接头的程序“HiFiAdapterFilt”（下载网址是 https://github.com/sheinasim/HiFiAdapterFilt），下载后如需解压缩就双击文件解压缩。这一程序的运行依赖“blast”程序（https://ftp.ncbi.nlm.nih.gov/blast/executables/blast+/LATEST/）（图 34）。下载“blast”后，解压缩，无须安装就可以直接使用，但需要用“chmod”命令改变其中文件权限，请读者自行操作。我下载的“blast”目录是“/home/lhl/Downloads/”，解压后会在其下生成一个“ncbi-blast-2.11.0+”目录。之后执行如下命令：

```
/home/lhl/Downloads/ncbi-blast-2.11.0+/bin/blastn –db /home/lhl/Downloads/HiFiAdapterFilt-master/DB/pacbio_vectors_db -query GECJ.CCS.fasta -num_threads 48 -task blastn -reward 1 -penalty -5 -gapopen 3 -gapextend 3 -dust no -soft_masking true -evalue .01 -searchsp 1750000000000 -outfmt 6 > GECJ.contaminant.blastout
```

“blastn”命令用于比对测序序列和接头序列，它在解压后的“ncbi-blast-2.11.0+”目录下的“bin”目录中。其中“pacbio_vectors_db”文件是“HiFiAdapterFilt”程序自带的，下载这一程序后可以在其“DB”目录下找到，是接头序列；“-query”后面的“GECJ.CCS.fasta”文件是上一步中用“seqkit”命令转换生成的结果；“-num_threads”后面是计算机线程数；其他参数是固定值，读者可以不用修改。最后的结果如图35最上面一幅图所示，然后运行：

```
cat GECJ.contaminant.blastout | grep 'NGB0097' | awk -v OFS='\t' '{if (($2 ~ /NGB00972/ && $3 >= 97 && $4 >= 44) || ($2 ~ /NGB00973/ && $3 >= 97 && $4 >= 34)) print $1}' | sort -u > blocklist
```

用“cat”读取上一步“blastn”运行结果，通过“|”命令把读取的结果传输给“grep”命令，提取包含“NGB0097”的行（接头序列的名称），再通过“|”命令利用“awk”命令把“blastn”比对结果大于一定值的行选定提取出来（其中$2、$3和$4分别代表第2、3和4列），但只输出这些选定行的第一列（“print $1”），将这个结果再通过“|”命令传输给“sort”命令，进行排序，最终得到包含接头序列的测序数据。之后，先查看需要去除接头的原始测序文件（“GECJ.CCS.fasta”）的序列名：

```
head -n 1 GECJ.CCS.fasta
```

利用“head”查看第一列，可以看到这个文件中的序列名后面还有两段尾巴（图35左下图显示的，序列名“/ccs”后面还有“np=6 rq=0.998092”这些字符信息），但上面“blastn”结果文件“GECJ.contaminant.blastout”中却没有这个尾巴（图35最上面一幅图的第一列），因此两个文件的序列名不同，无法匹配，需要把这两段尾巴去掉。运行如下命令：

```
sed "s/ .*$//g" GECJ.CCS.fasta > GECJ.CCS.rehead.fasta
```

其中“ .*$”代表空格后面所有的字符（在本章第六节会有介绍），结果如图35右下图所示，然后运行：

grep ">" GECJ.CCS.rehead.fasta >GECJ.CCS.seq-name

利用“grep”命令把原始测序数据中的序列名称提取出来，再运行：

sed "s/>//g" GECJ.CCS.seq-name >GECJ.CCS.seq-name.1

利用“sed”命令把“>”符号从序列名称中去除，然后运行：

grep -v -f blocklist GECJ.CCS.seq-name.1 >GECJ.CCS.seq-name.need-keep

利用“grep”命令把不包含接头序列的序列名提取出来，“-f”后面的“blocklist”文件内容是包含接头的序列名，“-v”是反向选择的意思。之后再运行：

/media/lhl/8tb/software/seqkit grep -n -f GECJ.CCS.seq-name.need-keep GECJ.CCS.rehead.fasta >GECJ.CCS.no-adapter.fasta

利用“seqkt”中的“grep”命令，按照序列名（即“GECJ.CCS.seq-name.need-keep”文件中的内容）把对应的序列从“GECJ.CCS.rehead.fasta”文件（更改了序列名的原始测序数据文件）中提取出来，提取出的数据就是不包含接头的测序序列。“-n”是指匹配序列名。

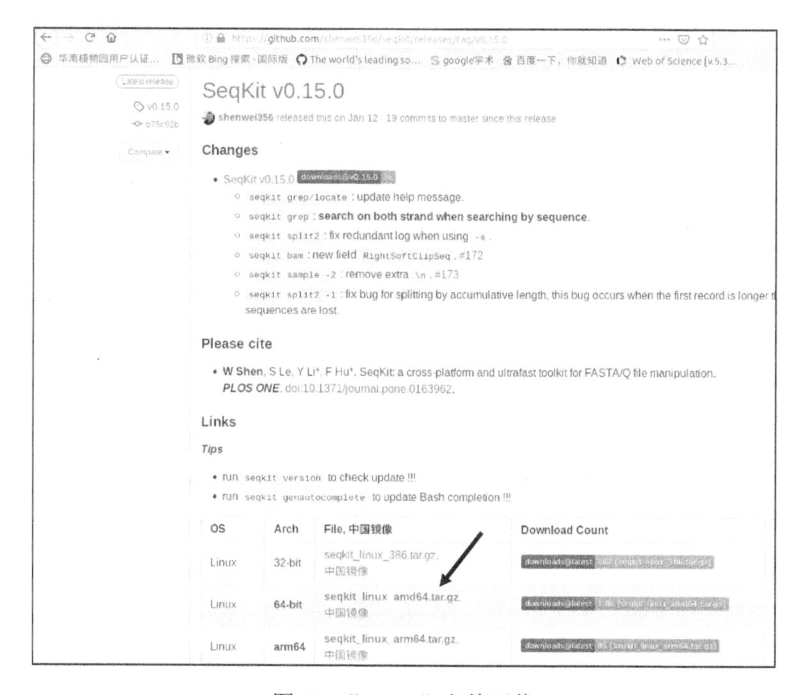


图 33 “seqkit”文件下载

https://ftp.ncbi.nlm.nih.gov/blast/executables/blast+/LATEST/

华南植物园用户认证… 微软 Bing 搜索 - 国际版 The world's leading so… google学术 百度一下

**Index of /blast/executables/blast+/LATEST**

| Name | Last modified | Size |
|---|---|---|
| Parent Directory | | - |
| ChangeLog | 2020-11-03 09:49 | 85 |
| ncbi-blast-2.11.0+-1.src.rpm | 2020-11-03 09:49 | 51M |
| ncbi-blast-2.11.0+-1.src.rpm.md5 | 2020-11-03 09:49 | 63 |
| ncbi-blast-2.11.0+-1.x86_64.rpm | 2020-11-03 09:49 | 180M |
| ncbi-blast-2.11.0+-1.x86_64.rpm.md5 | 2020-11-03 09:49 | 66 |
| ncbi-blast-2.11.0+-src.tar.gz | 2020-11-03 09:49 | 56M |
| ncbi-blast-2.11.0+-src.tar.gz.md5 | 2020-11-03 09:49 | 64 |
| ncbi-blast-2.11.0+-src.zip | 2020-11-03 09:49 | 60M |
| ncbi-blast-2.11.0+-src.zip.md5 | 2020-11-03 09:49 | 61 |
| ncbi-blast-2.11.0+-win64.exe | 2020-11-03 09:49 | 89M |
| ncbi-blast-2.11.0+-win64.exe.md5 | 2020-11-03 09:49 | 63 |
| ncbi-blast-2.11.0+-x64-linux.tar.gz | 2020-11-03 09:49 | 229M |
| ncbi-blast-2.11.0+-x64-linux.tar.gz.md5 | 2020-11-03 09:49 | 70 |
| ncbi-blast-2.11.0+-x64-macosx.tar.gz | 2020-11-03 09:49 | 139M |
| ncbi-blast-2.11.0+-x64-macosx.tar.gz.md5 | 2020-11-03 09:49 | 71 |
| ncbi-blast-2.11.0+-x64-win64.tar.gz | 2020-11-03 09:49 | 89M |
| ncbi-blast-2.11.0+-x64-win64.tar.gz.md5 | 2020-11-03 09:49 | 70 |
| ncbi-blast-2.11.0+.dmg | 2020-11-03 09:49 | 142M |
| ncbi-blast-2.11.0+.dmg.md5 | 2020-11-03 09:49 | 57 |

图 34 “blast”文件下载

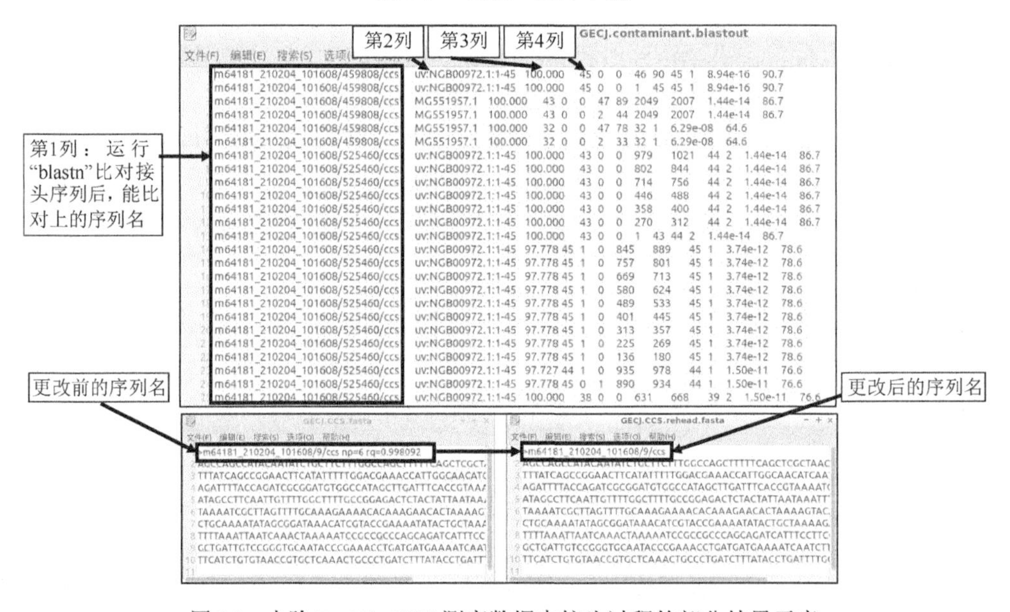


图 35 去除 PacBio HiFi 测序数据中接头过程的部分结果示意

之后可以使用“hifiasm”程序（下载地址是 https://github.com/chhylp123/hifiasm）进行基因组组装。“hifiasm”程序下载后，执行“make”就可以编译成功，生成可执行的“hifiasm”文件，然后执行如下命令进行基因组组装：

```
./hifiasm -o GECJ_hifi -t 48 GECJ.CCS.no-adapter.fasta
```

其中“-o”后面是最终结果文件名称（读者可根据自己的要求进行修改）；“-t”后面是计算机线程数。组装完成的基因组后缀名为“.p_ctg.gfa”（图 36），可以用“gfatools”（下载地址是 https://github.com/lh3/gfatools）把它转换为“fasta”格式。

步骤如下：

```
git clone https://github.com/lh3/gfatools
cd gfatools && make
```

下载程序，进入程序目录，用“make”命令编译。然后利用“chmod 777”命令使“gfatools”命令可执行。把“gfatools”拷贝到利用“hifiasm”组装的基因组目录下，运行：

```
./gfatools gfa2fa GECJ_hifi.p_ctg.gfa >GECJ_hifi.p_ctg.fasta
```

就得到基因组初步组装结果。HiFi 组装的基因组可以不用纠错，因为它的原始组装数据已经进行了纠错，但需要去除冗余序列，这将在下一章讲述。

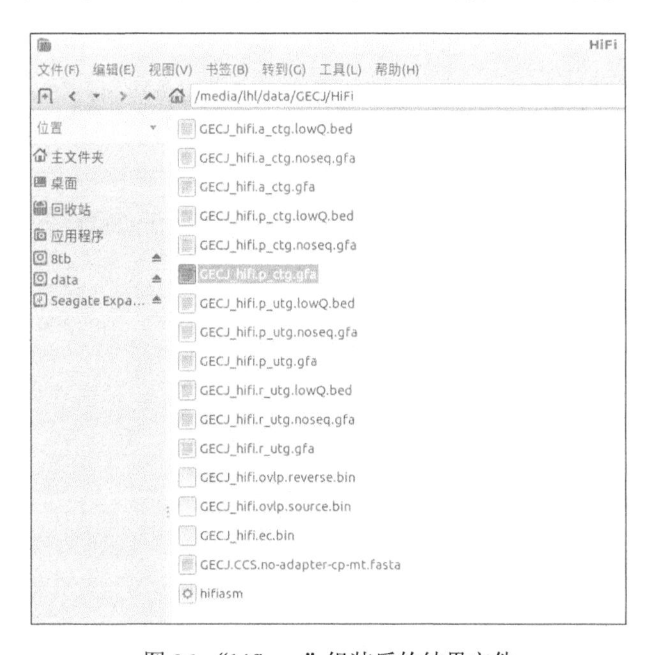


图 36 “hifiasm”组装后的结果文件

## 第三节　基于 PacBio CLR 模式测序数据的基因组组装

PacBio CLR 模式得到的测序数据虽然没有 HiFi 测序法得到的数据准确度高，但测序数据长度要长于 HiFi 测序结果。组装后，再进行后期纠错，也可以保证基因组质量。PacBio CLR 测序后，提供的文件也是“bam”格式。测序数据一般也在以“.subreads.bam”为后缀名的文件中。然而不同于 HiFi 数据，PacBio CLR 测序数据使用其他程序将“bam”格式文件转换为“.fastq”格式文件。该转换可使用“bedtools”程序，下载地址是 https://github.com/arq5x/bedtools2/releases，下载文件名为“bedtools.static.binary”。下载后，打开 LX 终端，进入下载目录，如我下载到了计算机的“/home/psdz/Downloads”目录下，运行“cd/home/psdz/Downloads”，进入“Downloads”目录，再运行“chmod 777 bedtools.static.binary”，改变文件权限，使文件可执行。然后运行：

```
./bedtools.static.binary bamtofastq
-i /media/psdz/data/GECJ/m54295_181117_171740.subreads.bam
-fq /media/psdz/data/GECJ/GECJ.fastq
```

其中“m54295_181117_171740.subreads.bam”是 PacBio CLR 模式测得的测序数据，“GECJ.fastq”是转换后的文件（读者可根据自己的需要更改名称）。转换的“fastq”结果可以用“seqkit”命令继续转换为“fasta”格式（见上一节的介绍）用于基因组组装。

“bedtools”也可以通过“conda”程序管理系统进行安装。“conda”系统的安装过程如下：

首先从 https://www.anaconda.com/products/individual#linux 网站下载“conda”（图 37），我下载的“conda”目录是“/home/psdz/Downloads”，下载完成后，运行如下命令安装：

```
cd /home/psdz/Downloads
```

进入“/home/psdz/Downloads”目录，然后运行：

```
./Anaconda3-2020.11-Linux-x86_64.sh
```

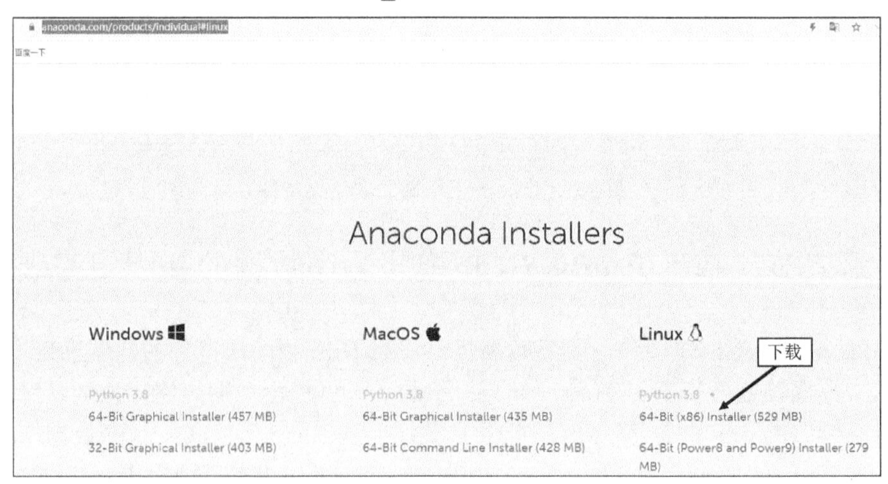


图 37 “conda”程序下载

之后按照图 38~图 40 安装。“conda”安装完成后，如果需要重新启动计算机，就重启，然后安装“bedtools”，命令如下：

```
conda install -c bioconda/label/cf201901 bedtools
```

安装完成后，可以在任意目录下执行“bedtools”命令，如上面的“bam”格式转换为“fastq”格式的命令如下：

```
bedtools bamtofastq -i m54295_181117_171740.subreads.bam –fq GECJ.fastq
```

同样，“bam”格式数据转换完成后，在组装基因组前需要去除接头，可参考上一节。之后使用“NextDenovo”程序进行基因组组装，请参考下一节的介绍。

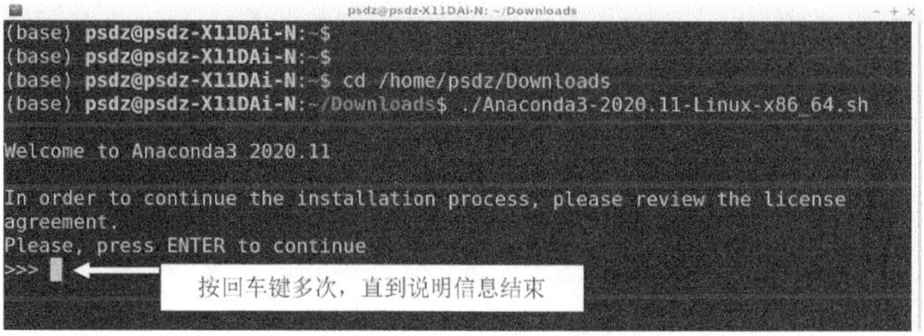

psdz@psdz-X11DAi-N: ~/Downloads
(base) psdz@psdz-X11DAi-N:~$
(base) psdz@psdz-X11DAi-N:~$
(base) psdz@psdz-X11DAi-N:~$ cd /home/psdz/Downloads
(base) psdz@psdz-X11DAi-N:~/Downloads$ ./Anaconda3-2020.11-Linux-x86_64.sh
Welcome to Anaconda3 2020.11
In order to continue the installation process, please review the license
agreement.
Please, press ENTER to continue
>>>
按回车键多次，直到说明信息结束

图 38　“conda”程序安装—1

psdz@psdz-X11DAi-N: ~/Downloads
libsodium
A software library for encryption, decryption, signatures, password hashi
ng and more.
pynacl
A Python binding to the Networking and Cryptography library, a crypto lib
rary with the stated goal of improving usability, security and speed.
Last updated September 28, 2020
Do you accept the license terms? [yes|no]
[no] >>> yes
Anaconda3 will now be installed into this location:
/home/psdz/anaconda3
- Press ENTER to confirm the location
- Press CTRL-C to abort the installation
- Or specify a different location below
按回车键使程序装入默认目录，
也可安装到其他地址目录
[/home/psdz/anaconda3] >>> /media/psdz/data/anaconda3
PREFIX=/media/psdz/data/anaconda3
Unpacking payload ...

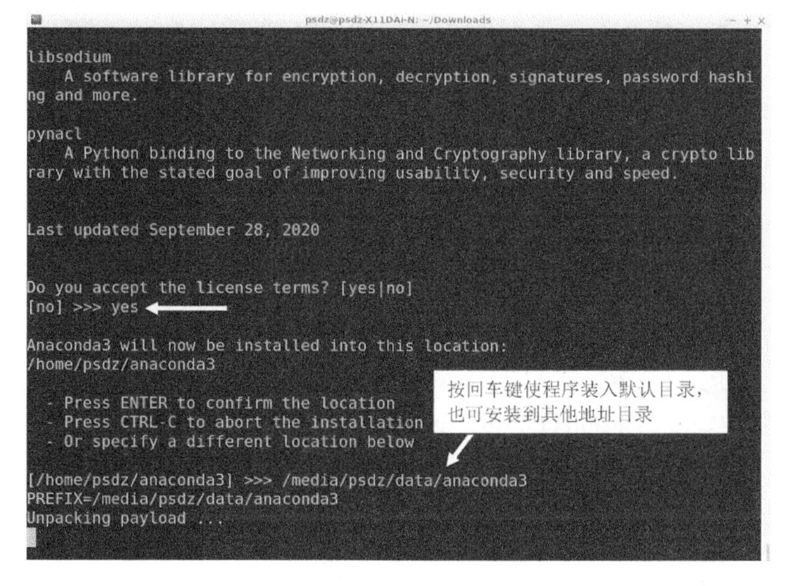

图 39　“conda”程序安装—2

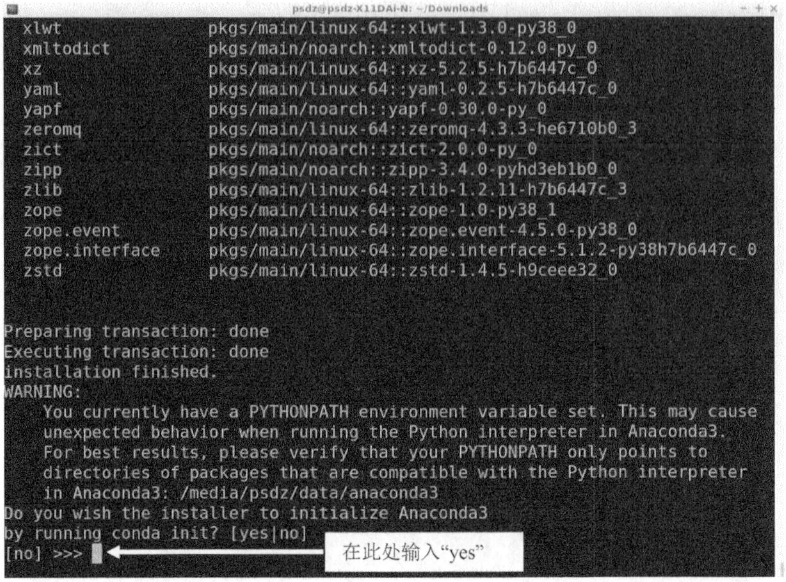

```
psdz@psdz-X11DAi-N: ~/Downloads
  xlwt               pkgs/main/linux-64::xlwt-1.3.0-py38_0
  xmltodict          pkgs/main/noarch::xmltodict-0.12.0-py_0
  xz                 pkgs/main/linux-64::xz-5.2.5-h7b6447c_0
  yaml               pkgs/main/linux-64::yaml-0.2.5-h7b6447c_0
  yapf               pkgs/main/noarch::yapf-0.30.0-py_0
  zeromq             pkgs/main/linux-64::zeromq-4.3.3-he6710b0_3
  zict               pkgs/main/noarch::zict-2.0.0-py_0
  zipp               pkgs/main/noarch::zipp-3.4.0-pyhd3eb1b0_0
  zlib               pkgs/main/linux-64::zlib-1.2.11-h7b6447c_3
  zope               pkgs/main/linux-64::zope-1.0-py38_1
  zope.event         pkgs/main/linux-64::zope.event-4.5.0-py38_0
  zope.interface     pkgs/main/linux-64::zope.interface-5.1.2-py38h7b6447c_0
  zstd               pkgs/main/linux-64::zstd-1.4.5-h9ceee32_0


Preparing transaction: done
Executing transaction: done
installation finished.
WARNING:
    You currently have a PYTHONPATH environment variable set. This may cause
    unexpected behavior when running the Python interpreter in Anaconda3.
    For best results, please verify that your PYTHONPATH only points to
    directories of packages that are compatible with the Python interpreter
    in Anaconda3: /media/psdz/data/anaconda3
Do you wish the installer to initialize Anaconda3
by running conda init? [yes|no]
[no] >>>
```

在此处输入"yes"

图 40 "conda"程序安装—3

## 第四节 基于 Nanopore 测序数据的基因组组装

对于 Nanopore 测序，提供的数据是"fastq"格式，可以用"seqkit"命令转换为"fasta"格式文件（见本章第二节）。之后需使用"porechop"程序去除原始数据中的接头序列，下载地址是 https://github.com/rrwick/Porechop/releases/tag/v0.2.4。下载后，解压进入目录，利用"python setup.py install"命令编译安装程序。如果安装有问题，可先安装"conda"程序（请见上一节）。安装完成后运行：

porechop -i /media/psdz/data/GECJ/nanopore.fa -o /media/psdz/data/GECJ/nanopore.no-cpmt.no-adpat.fa -t 96 --check_reads 1000000 --adapter_threshold 80

其中"nanopore.fa"是转换后的 Nanopore 测序数据文件（后缀名".fasta"简写为".fa"），"nanopore.no-cpmt.no-adpat.fa"是运行程序后生成的结果文件名（读者可以按照自己的要求更改），"-t"后面是计算机线程数，"--check_reads 1000000"是从原始数据中抽取出 1 000 000 条序列进行接头查找，"adapter_threshold 80"中的"80"是相似度阈值，即测序数据中的序列与接头序列的相似度如果大于 80%就去除接头序列。

去除接头序列之后，就可以进行基因组组装。组装程序很多，这里介绍的是"NextDenovo"程序，下载地址是 https://github.com/Nextomics/NextDenovo/releases/

tag/v2.4.0。程序下载后，解压后就可以直接使用，无须安装。程序配有演示数据，读者也可参考这些演示数据。使用前先准备两个文件：一个是配置文件，即“.cfg”文件（后缀名可以更改）；另一个是原始数据路径文件，即“.fnfo”文件（后缀名可以更改），这两个文件的内容如图 41 所示。之后运行命令：

```
cd /media/psdz/data/NextDenovo/
```

进入“NextDenovo”目录（读者目录和我的会不同），然后运行：

```
./nextDevono run-GECJ.cfg
```

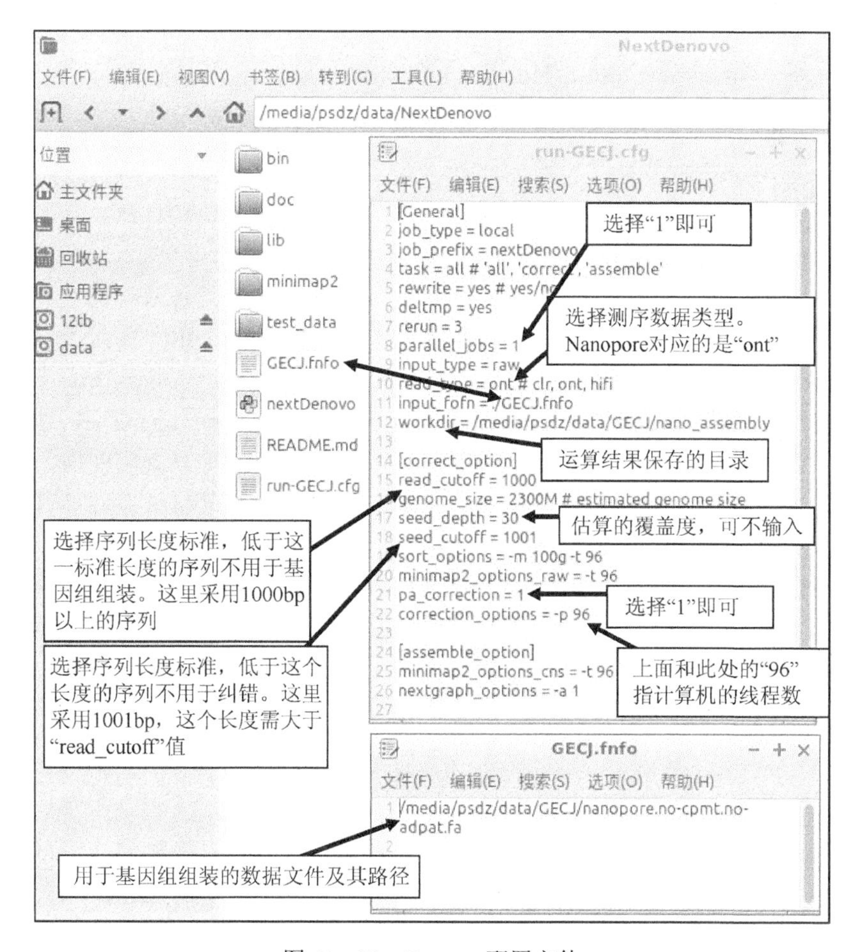


图 41　NextDenovo 配置文件

组装完成后，组装结果保存在指定目录（我指定的是“/media/psdz/data/GECJ/

nano_assembly”，图 41）下的“03.ctg_graph”目录下，文件名为“nd.asm.fasta”。组装完成后生成多个拼装序列，每个拼装序列称为一个“contig”（拼装序列）。接下来是对这个组装的结果进行纠错处理，可以使用“racon”和“HAPO-G”程序，前者利用三代数据进行纠错，后者使用二代数据，两个程序各自运行两次就可以。

“racon”程序下载地址是 https://github.com/isovic/racon。该程序需要依据开发者提供的方法进行安装，不能简单下载“.zip”的压缩包文件进行安装，方法如下：

```
cd /home/psdz/Downloads
```

这一步是选择安装“racon”的目录，我是把“racon”程序安装到“/home/psdz/Downloads”目录下。进入这个目录。然后运行：

```
git clone --recursive https://github.com/lbcb-sci/racon.git racon
cd racon
mkdir build
cd build
cmake -DCMAKE_BUILD_TYPE=Release ..
make
```

编译完成后，“racon”被安装到了“racon”目录下的“build/bin”目录下。之后需下载“minimap2”程序（下载网址是 https://github.com/lh3/minimap2/ releases/tag/v2.22），它是和“racon”程序配合在一起使用的。在“minimap2”网站下载的文件是“minimap2-2.22_x64-linux.tar.bz2”。下载后解压就可以直接使用，无须安装，但需要利用“chmod 777”命令使“minimap2”程序可执行。之后运行：

```
cd /media/psdz/data/GECJ/nano_assembly/03.ctg_graph
```

进入“NextDenovo”组装的结果目录，然后运行：

```
export PATH=/home/psdz/Downloads/racon/build/bin/:$PATH
export PATH=/home/psdz/Downloads/minimap2/:$PATH
```

“export PATH”是设置环境变量的命令。设置之后，可以直接调用这些目录下面的程序而不用写路径。例如，上面这两个“export PATH”就是提示“racon”和“minimap2”这两个命令所在的目录，如需运行这两个命令就去对应的目录调用即可，不用每次都把完整的路径写全。如果不设置环境变量，就要把“racon”和“minimap2”所在的目录路径写完整才能运行这两个命令。之后运行：

minimap2 -x map-ont -t 96 nd.asm.fasta /media/psdz/data/GECJ/nanopore.no-cpmt.no-adpat.fa >iter1.paf

其中“-x”后面是测序平台的类型，这里用的是 Nanopore 测序平台，就用“map-ont”；如果是 PacBio 测序平台，就用“map-pb”；“-t”后面是计算机的线程数；“nd.asm.fasta”是组装的基因组文件；“/media/psdz/data/GECJ/nanopore. no-cpmt.no-adpat.fa”是去除接头后的测序原始数据；“>”后面是输出的结果，后缀“.paf”不要改动。如果这里不设置“export PATH”环境变量，命令就为“/home/psdz/Downloads/minimap2/minimap2 -x map-ont -t 96 nd.asm.fasta /media/psdz/data/GECJ/nanopore.no-cpmt.no-adpat.fa >iter1.paf”，“minimap2”前面加路径，告诉这一执行命令中“minimap2”所在的目录位置。之后运行：

racon -t 96 -u /media/psdz/data/GECJ/nanopore.no-cpmt.no-adpat.fa iter1.paf nd.asm.fasta > GECJ-genome.iter1.fasta

其中“-t”后面是计算机的线程数；“-u”是指没有纠错的数据也保留。这一步执行完成后，重复一次“minimap2”命令和“racon”命令，如下：

minimap2 -x map-ont -t 96 GECJ-genome.iter1.fasta /media/psdz/data/GECJ/nanopore.no-cpmt.no-adpat.fa >iter2.paf
racon -t 96 -u /media/psdz/data/GECJ/nanopore.no-cpmt.no-adpat.fa iter2.paf GECJ-genome.iter1.fasta >GECG_genome.iter2.fasta

运行结束后，利用二代测序数据再进行两轮纠错，采用的程序是“HAPO-G”，下载网站是 https://github.com/institut-de-genomique/HAPO-G。在安装前，先下载“samtools”程序，因为“HAPO-G”的安装依赖“samtools”中的部分程序。

“samtools”程序的下载地址是 https://github.com/samtools/samtools/releases/tag/1.12，对应的下载文件是“samtools-1.12.tar.bz2”。解压缩，进入解压的目录，然后执行以下安装步骤：

```
./configure
make
make install
```

“samtools”程序安装完成后，下载安装“HAPO-G”程序，方法如下：

```
cd /home/psdz/Downloads
```

进入选定的目录，然后运行：

```
git clone https://github.com/institut-de-genomique/HAPO-G.git
cd HAPO-G
```

进入下载的目录，然后运行：

```
bash build.sh -l /home/lhl/Downloads/samtools-1.12/htslib-1.12
```

这一步要提供上面“samtools-1.12”附带的“htslib-1.12”目录，安装中会调用这一目录下的部分文件。在执行“bash”这一步的过程中，有时会出现报错，提示找不到“htslib”（图 42），这是由于缺少必要的库或关联，一个解决办法是可以加载“BUSCO”环境（后面会有介绍），在“BUSCO”环境下安装“HAPO-G”。如果还报错提示找不到文件，那么需要手动改一下对应的文件。从图 42 中可以看出，报错信息提示是“HAPO-G”的“src”目录下的“polish_consensus.c”文件有错，错误原因是找不到“htslib/hts.h”。到“HAPO-G/src”目录下找到这个文件，用文本编辑器打开（鼠标指向文件，点击右键，对于安装的是“OSGeoLive-14.0”版本的读者，选择“打开方式”中的“FeatherPad”；对于安装的是“OSGeoLive -13.0”版本的读者，选择“Leafpad”），增加路径，如图 43 所示，就是告知安装程序，找不到的文件所在的目录地址。这里注意，读者“htslib-1.12”的目录地址和我演示数据的目录会有所不同。之后如果“HAPO-G”的“src”目录下其他文件出现类似问题，也同样处理即可，即增加对应的路径。

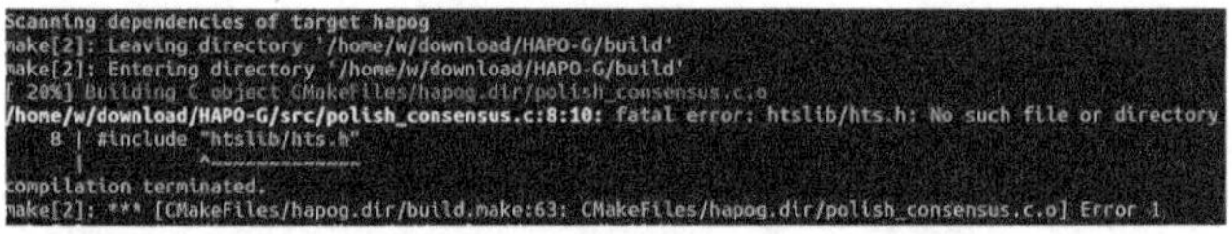

```
Scanning dependencies of target hapog
make[2]: Leaving directory '/home/w/download/HAPO-G/build'
make[2]: Entering directory '/home/w/download/HAPO-G/build'
[ 20%] Building C object CMakeFiles/hapog.dir/polish_consensus.c.o
/home/w/download/HAPO-G/src/polish_consensus.c:8:10: fatal error: htslib/hts.h: No such file or directory
    8 | #include "htslib/hts.h"
      |          ^~~~~~~~~~~~~~
compilation terminated.
make[2]: *** [CMakeFiles/hapog.dir/build.make:63: CMakeFiles/hapog.dir/polish_consensus.c.o] Error 1
```

图 42 “HAPO-G”安装中的报错信息

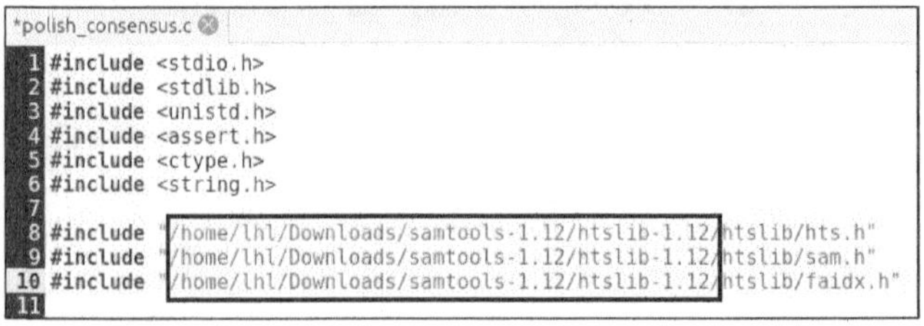

```
*polish_consensus.c
1  #include <stdio.h>
2  #include <stdlib.h>
3  #include <unistd.h>
4  #include <assert.h>
5  #include <ctype.h>
6  #include <string.h>
7
8  #include "/home/lhl/Downloads/samtools-1.12/htslib-1.12/htslib/hts.h"
9  #include "/home/lhl/Downloads/samtools-1.12/htslib-1.12/htslib/sam.h"
10 #include "/home/lhl/Downloads/samtools-1.12/htslib-1.12/htslib/faidx.h"
11
```

图 43 修改“HAPO-G”安装中报错的文件内容

安装完“HAPO-G”后，还需要安装“bwa”程序，下载地址是 https://sourceforge.net/projects/bio-bwa/files/，下载后解压，进入“bwa-0.7.17”的目录后

运行“make”编译。之后，进入“HAPO-G”安装目录下的“lib”目录，选中“mapping.py”文件（图 44），点击右键，选择“Leadpad”或“FeatherPad”打开“mapping.py”文件，删除第 45 行和第 64 行中的“-m 5G”这个参数设置（图 45）。之后就可以运行“HAPO-G”进行基因组纠错，执行：

export PATH=/home/psdz/Downloads/bwa-0.7.17/:$PATH
export PATH=/home/lhl/Downloads/samtools-1.12:$PATH

设置环境变量，程序运行中需调用“bwa”和“samtools”两个程序。之后，进入上一步“racon”运行结果所在的目录，执行：

python3 /home/psdz/Downloads/HAPO-G/hapog.py --genome GECG_genome.iter2.fasta --pe1 /media/psdz/14tb-1/GECJ/GECJ.F.corrected.trimmed.fastq --pe2 /media/psdz/14tb-1/GECJ/GECJ.R.corrected.trimmed.fastq --threads 96 -u

其中，“--pe1”和“--pe2”后面是二代过滤和纠错后的测序数据（见本章第一节内容）；“--threads”后面是计算机的线程数；“-u”是指没有纠错的数据也保留。“HAPO-G”运行后会在当前目录下自动创建一个“hapog_results”目录，结果被保存在其下的“hapog_results”目录中，名称为“hapog.fasta”，把它拷贝到当前目录下，命名为“hapog-1.fasta”。命令如下：

图 44　“HAPO-G”程序“lib”目录下“mapping.py”文件示意

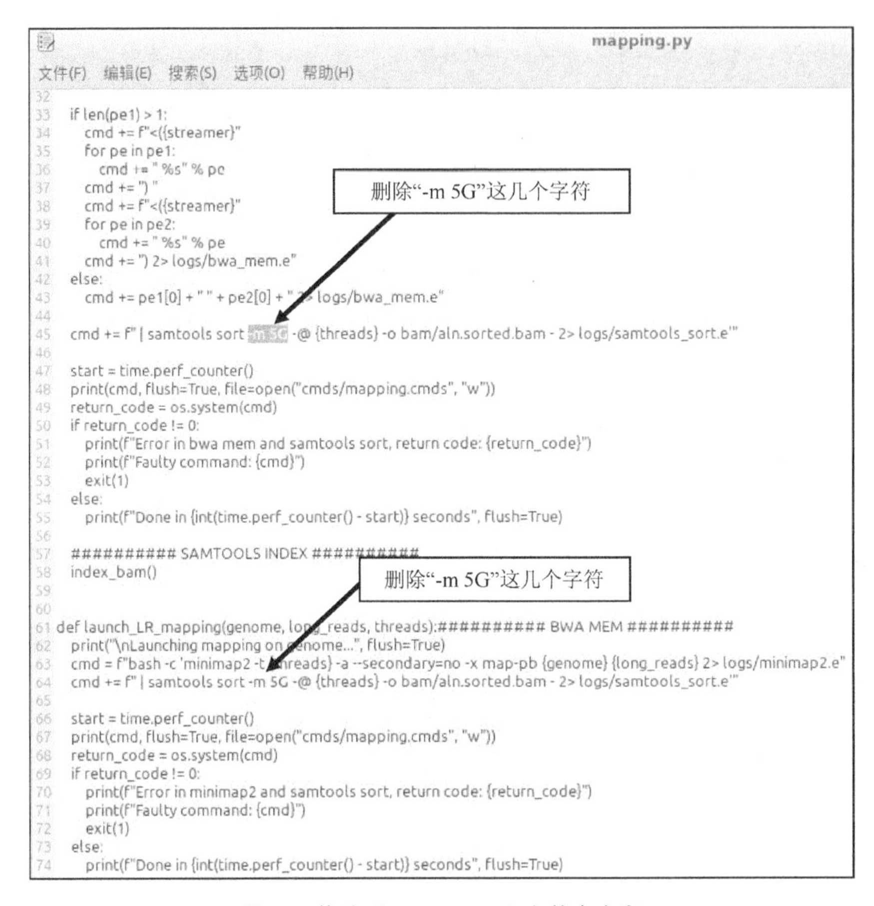


图 45　修改 "mapping.py" 文件中内容

cp/media/psdz/data/GECJ/nano_assembly/03.ctg_graph/hapog_results/hapog_results/ hapog.fasta hapog-1.fasta

"cp" 是拷贝的意思。删除 "hapog_results" 目录（图 46）。第二次运行 "HAPO-G"，在运行之前，建议对序列进行排序，命令如下：

/media/lhl/8tb/software/seqkit sort -n hapog-1.fasta > hapog-1.sort.fasta

python3 /home/psdz/Downloads/HAPO-G/hapog.py --genome hapog-1.sort.fasta --pe1 /media/psdz/14tb-1/GECJ/GECJ.F.corrected.trimmed.fastq --pe2 /media/psdz/14tb-1/GECJ/GECJ.R.corrected.trimmed.fastq --threads 96 -u

对排序后的基因组进行第二次纠错。最后的结果被保存在新创建的"hapog_results"目录中，名称为 "hapog.fasta"。

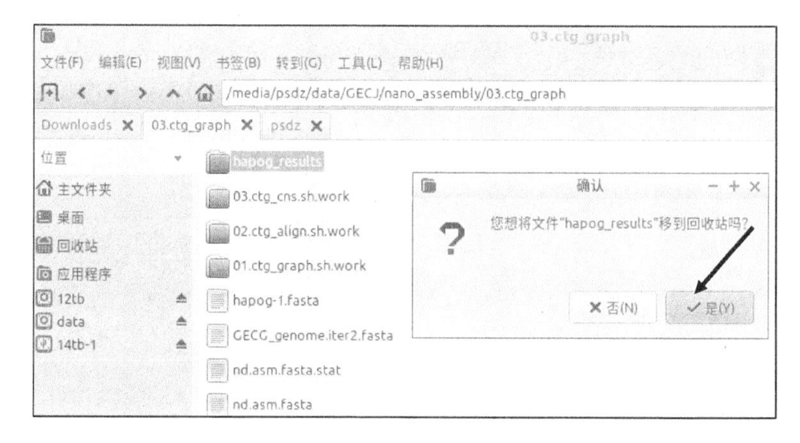


图 46　删除第一次运行“HAPO-G”的结果

# 第五节　去除基因组中的冗余序列

无论用哪种方式组装基因组，都需要进行冗余（或/和杂合）序列的检查和去除。首先可以采用“pseudohaploid”程序，下载地址是 https://github.com/schatzlab/pseudohaploid。“pseudohaploid”程序可以查找组装基因组中相互之间具有很高相似度的拼装序列。对于这些彼此相似度很高的序列，只保留其中一个，去除其他相似的序列，达到去除冗余的目的。程序运行中需要安装“MUMmer”程序（下载地址是 https://sourceforge.net/projects/mummer/files/mummer/3.23/），然后运行：

cd /media/psdz/data/pseudohaploid

进入“/media/psdz/data/pseudohaploid”目录（读者的这个目录会和我的不同），然后运行：

chmod 777 *

将“pseudohaploid”目录下文件属性改为可执行，然后运行：

export PATH=/media/psdz/data/pseudohaploid:$PATH

设置环境变量，使得调用“pseudohaploid”目录下的程序无须输入路径，然后运行：

bash create_pseudohaploid.sh /media/psdz/hd/pacbio-no-mtcp/03.ctg_graph/nd.asm.poished.fasta hd

其中“/media/psdz/hd/pacbio-no-mtcp/03.ctg_graph/nd.asm.poished.fasta”就是第二次运行“HAPO-G”纠错后的基因组文件及其路径（这里我把HAPO-G第二次纠错后的文件名“hapog.fasta”改为了“nd.asm.poished.fasta”）。“hd”是输出结果文件的前缀，读者可以根据自己的要求更改。图47展示了上述运行步骤。

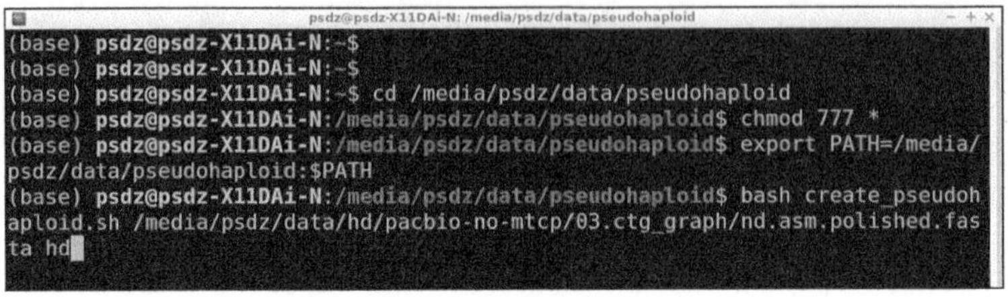

```
psdz@psdz-X11DAi-N: /media/psdz/data/pseudohaploid
(base) psdz@psdz-X11DAi-N:~$
(base) psdz@psdz-X11DAi-N:~$
(base) psdz@psdz-X11DAi-N:~$ cd /media/psdz/data/pseudohaploid
(base) psdz@psdz-X11DAi-N:/media/psdz/data/pseudohaploid$ chmod 777 *
(base) psdz@psdz-X11DAi-N:/media/psdz/data/pseudohaploid$ export PATH=/media/
psdz/data/pseudohaploid:$PATH
(base) psdz@psdz-X11DAi-N:/media/psdz/data/pseudohaploid$ bash create_pseudoh
aploid.sh /media/psdz/data/hd/pacbio-no-mtcp/03.ctg_graph/nd.asm.polished.fas
ta hd
```

图47 “pseudohaploid”运行步骤

“pseudohaploid”运行完成后，我演示的数据的结果文件是“hd.pseudohap.fa”。之后，继续利用“purge_dups”程序进一步去除由杂合导致的组装错误（关于杂合请参考我写的《分子生态学与数据分析基础》一书，科学出版社，2016）。

“purge_dups”可以从 https://github.com/dfguan/purge_dups 网站下载，按照程序提供的说明进行安装。读者也可以从我的网站 http://molecular-ecologist.com/下载我针对PacBio和Nanopore两种测序数据修改的程序（“run_purge_dups-pac.py”和“run_purge_dups-ont.py”）。这两个程序在运行过程中需要调用“minimap2”程序，前文已经介绍。

运行“purge_dups”需要提供两个文件：一个是“.json”文件，另一个是“.fofn”文件，请参考我提供的“purge_dups”中的例子，将它们放在“purge_dups”程序的“script”目录下。关于“.json”文件中的内容，读者可以参考我提供的演示文件“config-hd-pac-new-remove-adapt-mt-cp.json”，相关说明参考图48，“config-hd-pac-new-remove-adapt-mt-cp.json”文件中的96是指计算机线程数，读者可以根据自己的计算机CPU线程数进行相应更改，其他参数不用更改。将“.json”和“.fofn”配置好后，安装依赖程序“runner”，命令如下：

```
git clone https://github.com/dfguan/runner.git
cd runner && python3 setup.py install --user
```

安装好“runner”，然后运行：

```
export PATH=/home/psdz/Downloads/minimap2-2020-12-4/:$PATH
```

设置“minimap2”环境变量，然后运行：

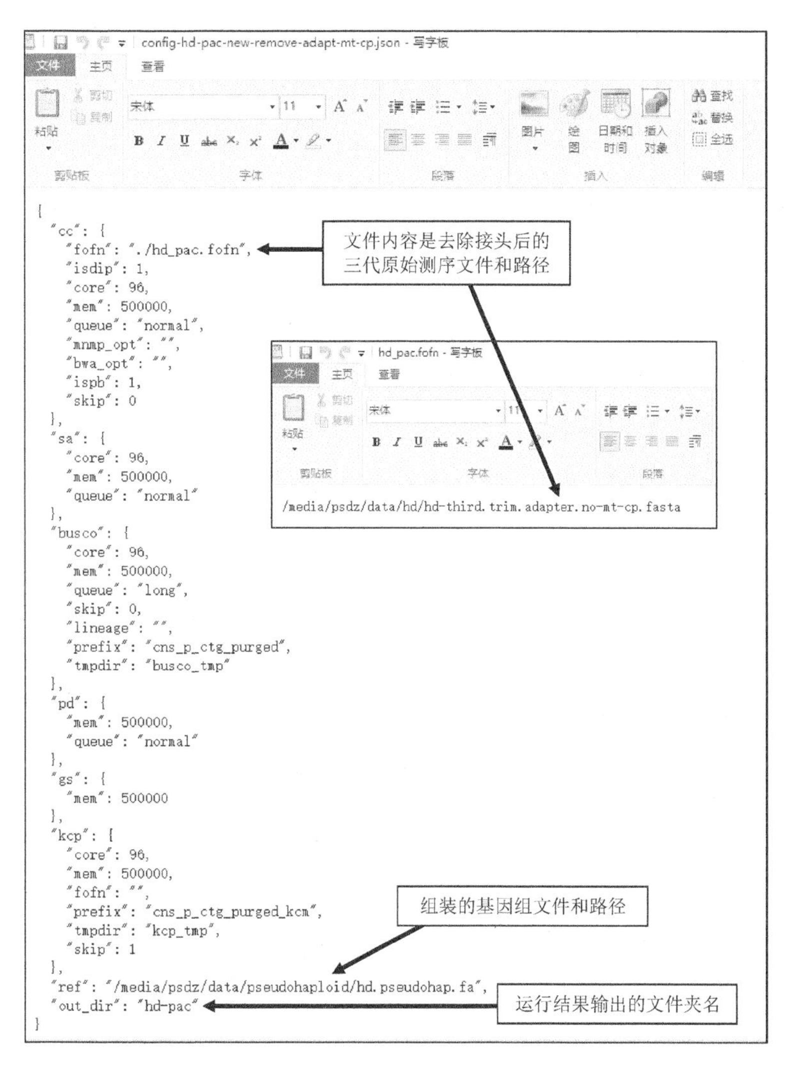


图 48 “purge_dups”配置文件

cd /media/psdz/data/purge_dups/scripts

进入“purge_dups”下的“scripts”目录，然后运行：

python3 run_purge_dups-pac.py -p bash -r 3 config-hd-pac-new-remove-adapt-mt-cp.json /media/psdz/data/purge_dups/bin hd-pac

其中“-p bash”是指本地运行；“-r 3”是指最大运行次数；“/media/psdz/data/ purge_

dups/bin”是“purge_dups”附带的可执行文件所在的路径（程序运行中需要调用这个目录下的文件），读者需根据自己的文件路径进行修改；“hd-pac”是输出结果的目录前缀，读者可按照自己的要求进行修改。这里用的命令是“run_purge_dups-pac.py”，因为我采用的是 PacBio 测序数据进行“purge_dups”分析。

“purge_dups”程序运行完成后，结果保存在了读者指定的目录名称下，我定义的目录名是“hd-pac”（读者的目录名和我的会有所差异）。打开“hd-pac”目录，可以看到它包括 4 个结果（图 49）（注：由于产生的结果文件很大，演示文件中只提供了部分目录和结果，并不是全部结果内容）。进入其中的“coverage”目录，可以作图查看基因组杂合状况，作图对象是这个目录下的“PB.stat”文件。读者可以双击鼠标打开“PB.stat”文件，查看文件内容。内容分为两列：第一列是覆盖度（coverage），第二列是覆盖度对应的序列比对（mapping）数量。例如，覆盖度是 1 的序列比对的数量是 1 532 288，这些结果是对组装的基因组所有拼装序列的统计结果，不是某个拼装序列或位点的结果。作图命令如下：

```
cd /media/psdz/data/purge_dups/scripts/hd-pac/coverage
```

进入“/media/psdz/data/purge_dups/scripts/hd-pac/coverage”目录，读者的目录名称可能和我的不同，请自行修改，然后运行：

```
python3 /media/psdz/data/purge_dups/scripts/hist_plot.py PB.stat hd
```

调用“/media/psdz/data/purge_dups/scripts/”目录下的“hist_plot.py”命令进行分析，分析结果保存到以“hd”为前缀名的图像文件中（图 50）。读者可以自行修改前缀名。鼠标双击“hd.png”文件可以查看图像，如图 51 所示。

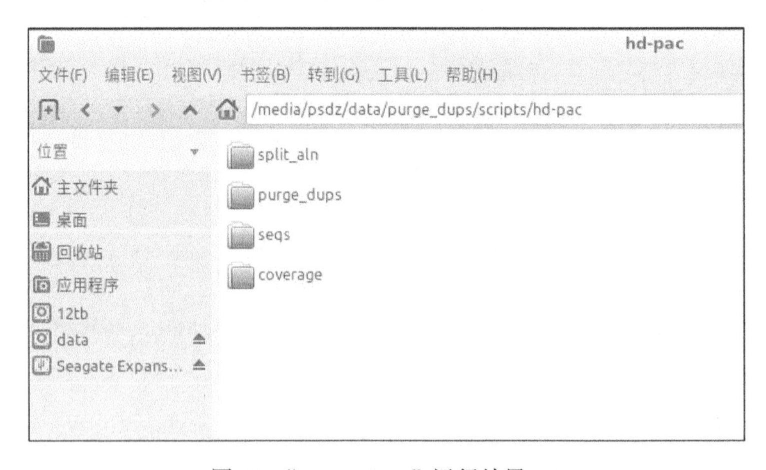


图 49 “purge_dups”运行结果—1

图 50 “purge_dups”运行结果—2

组装的基因组理想状况是只有一个类似正态分布的单峰。从图 51 中可以看出演示用的基因组组装很好，没有多余的峰，只在最左边有一个小峰，可能是多余（junk）序列。“purge_dups”程序本身通过自动分析产生了一个“cutoffs”文件（在图 50“hd.png”文件下），然后进行相关杂合序列的去除（但考虑到组装本身具有不准确性，不一定可以完全去除），但自动分析得到的结果可能并不理想，也可以手动调节“cutoffs”文件中的结果，进行优化。例如，对于我演示的数据，生成的“cutoffs”文件中原来的结果是“5 15 25 30 50 90”，我调节为“5 10 20 21 50 90”，并另存为“cutoffs-new”文件（图 52~图 54）。改动原来“cutoffs”中的结果是因为图 51 没有明显的第二个峰，而单峰对应的覆盖度值为“40”，如果有杂合峰，对应的峰值是“20”，因此我把原来设置的“30”调为“21”，即认为覆盖度为“6~21”之间的作为杂合峰来处理，过滤去除。“purge_dups”自动设置的 15~30 也是可以接受的，没有一定的标准。关于“cutoffs”中的数值对应的意义我写信问了程序开发者关登峰老师，他的回答如下：

"cutoffs 中的 6 个数实际使用的有 3 个，第一个数 $X$、第四个数 $Y$ 和第六个数 $Z$。平均测序深度小于 $X$ 的 contig 被认为是多余（junk）序列，可能由于测序产生错误，会被移除；平均测序深度介于 $X$ 与 $Y$ 之间的被认为是 haplotypic duplicaiton（单倍

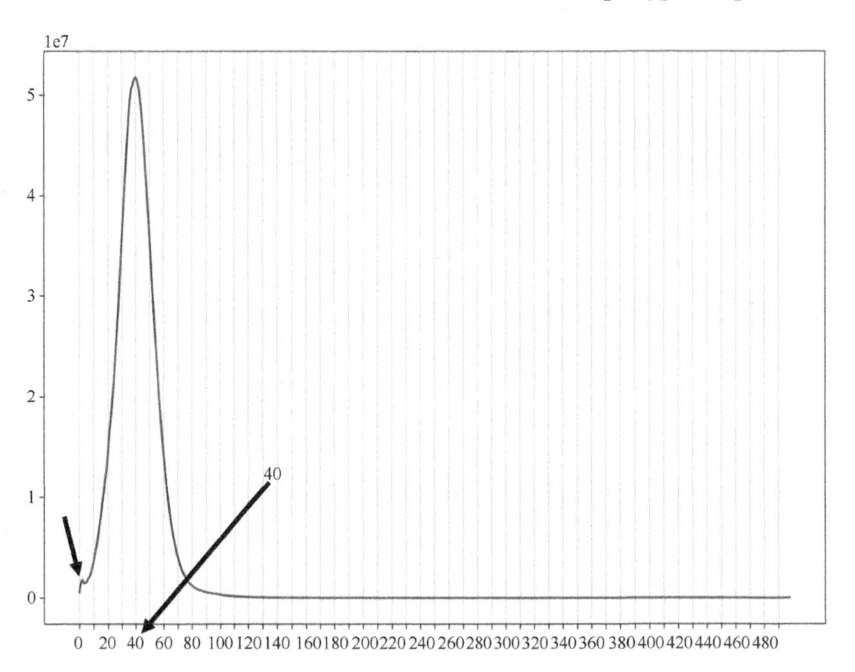


图 51 "purge_dups"运行结果—3

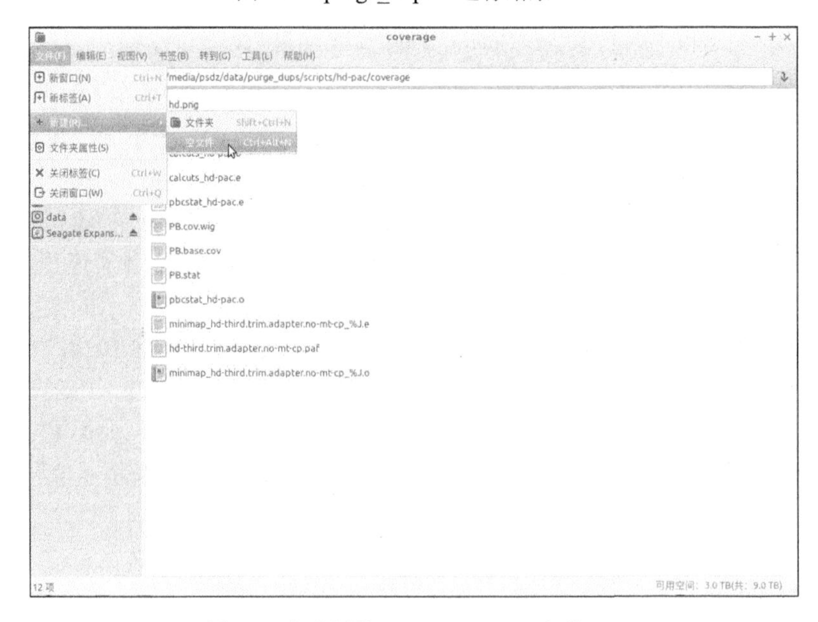


图 52 生成新的"cutoffs-new"文件—1

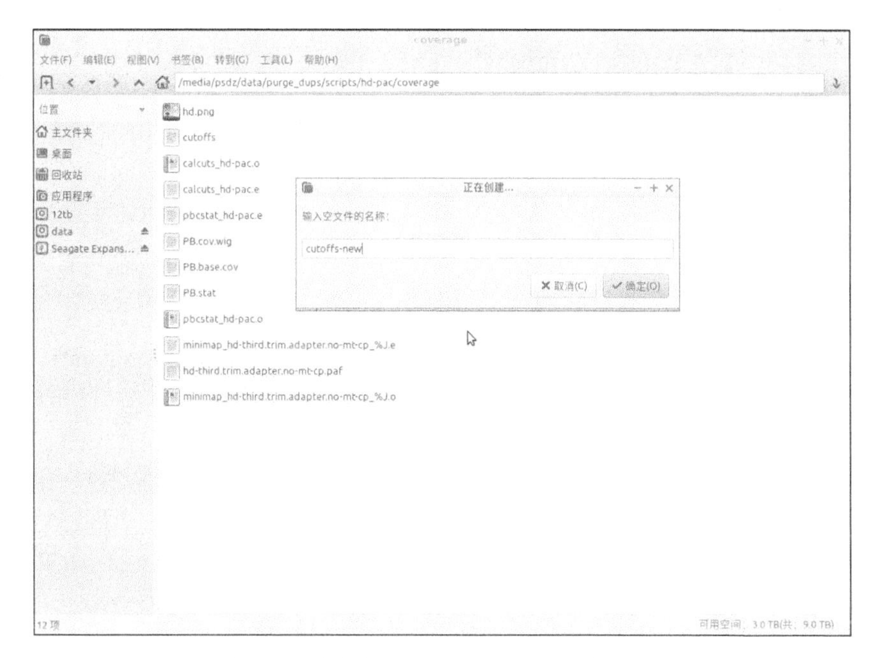


图 53　生成新的“cutoffs-new”文件—2

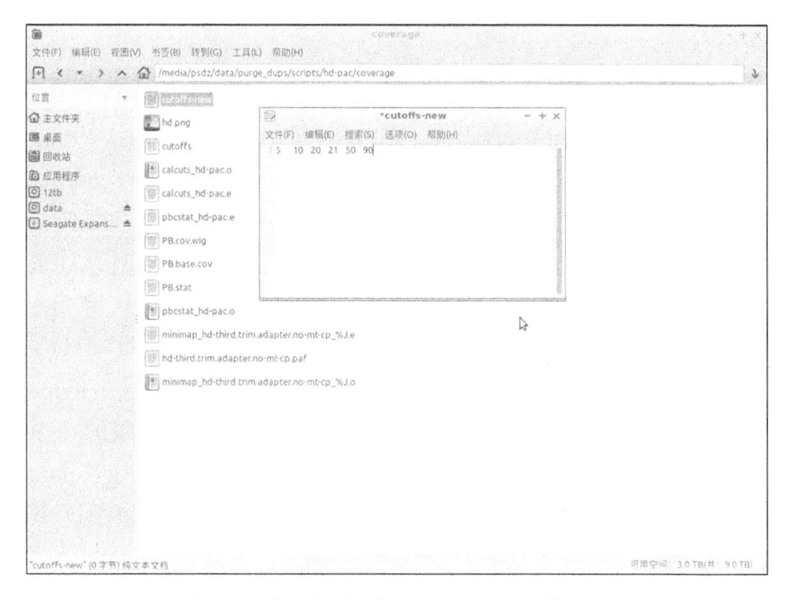


图 54　生成新的“cutoffs-new”文件—3

型重复），由拼接中冗余的杂合序列导致，杂合序列中的其中一条应被移除；平均测序深度介于 $Y$ 与 $Z$ 之间的序列被认为是正常的单倍体序列；平均测序深度大于 $Z$ 的序列被认为是高度重复的序列，程序默认会从拼接中移除，但也可以设定保留。”

重新设定“cutoff”值后，运行如下命令，利用“cutoffs-new”文件重新进行冗余（或者多余）序列的去除，命令如下：

cd /media/psdz/data/purge_dups/scripts/hd-pac/coverage

进入“cutoffs-new”文件对应的目录，再运行：

/media/psdz/data/purge_dups/bin/purge_dups -2 -c PB.base.cov -T cutoffs-new /home/psdz/data/purge_dups/scripts/hd-pac/split_aln/hd-pac.pseudohap.split.paf > dups.new.bed

其中“/media/psdz/data/purge_dups/bin”是“purge_dups”命令所在的目录，调用的文件是“PB.base.cov”，与“cutoffs-new”文件在同一个目录下，不用提供路径；“split_aln”目录是前面运行“run_purge_dups-pac.py”生成的（图 49），“.split.paf”文件在这个目录下。之后运行：

/media/psdz/data/purge_dups/bin/get_seqs -e -p hd-pac dups.new.bed /media/psdz/data/pseudohaploid/hd.pseudohap.fa

其中“/media/psdz/data/purge_dups/bin”是“get_seqs”命令所在的目录；“hd-pac”是运行后生成的结果文件名前缀，读者可以按照自己的要求修改；“dups.new.bed”是上一个命令得到的结果；“hd.pseudohap.fa”是去除冗余程序“pseudohaploid”生成的结果（图 48 中基因组文件）。“get_seqs”运行完成后，生成的结果文件为“hd-pac.purged.fa”，由此利用“purge_dups”程序进行基因组中冗余序列的去除就完成了。当然，读者如果不想调节“cutoffs”文件中的数值，直接用“purge_dups”运行结果也可以。

关于杂合峰的去除，再举一个例子进行说明。图 55 是利用 Nanopore 测序数据（文件太大，没有提供演示）组装后运行“purge_dups”生成的一个结果，可以看出这个组装结果在主峰前面出现了两个很明显的小峰。“purge_dups”自动产生的“cutoffs”值为“5 31 53 54 106 240”，通过查看结果，可以把这个“cutoffs”调整为“27 28 53 54 106 240”。我是这样确定“27”和“28”这两个值的：首先打开与“cutoffs”文件同一个目录下的“PB.stat”文件（图 56），可以看到对应第一个峰和第二个峰之间的最低值为“26”，因此我选择“27”，即把“覆盖度＜27”的序列都作为多余序列去除，“覆盖度 28~54”的序列作为杂合峰去除。

去除冗余序列后，就可以对组装基因组进行组装评估，利用的分析程序是“BUSCO”（Benchmarking Universal Single-Copy Orthologs）。“BUSCO”程序的下载

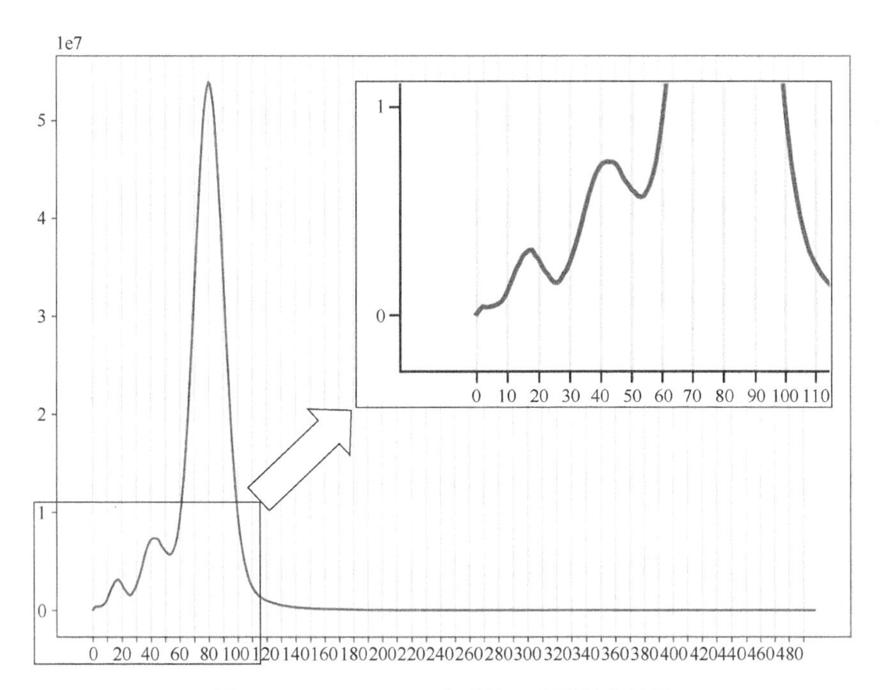


图 55 “purge_dups”生成的一个覆盖度结果

地址是 https://busco.ezlab.org/。这一程序可以通过 conda 进行安装，方法如下：

```
conda create -n busco_5.0
```

创建一个以“busco_5.0”为名字的环境，

```
conda activate busco_5.0
conda install -c bioconda/label/cf201901 busco=5.1.2
```

进入“busco_5.0”这个环境，安装“BUSCO”程序，但具体运行前先要下载比对数据库，下载地址是 https://busco-data.ezlab.org/v5/data/lineages/，针对不同物种下载不同的数据库。例如，我研究的是植物，可以下载“eudicots_odb10.2020-09-10.tar.gz”这个数据库，如果下载的数据库不正确，比对的结果就会不正确。数据库下载完成后，解压缩，记住解压缩文件所在的目录，然后运行：

```
cd /media/psdz/data/purge_dups/scripts/hd-pac/coverage
```

进入基因组文件所在的目录，即“purge_dups”运行结果所在的地址，运行：

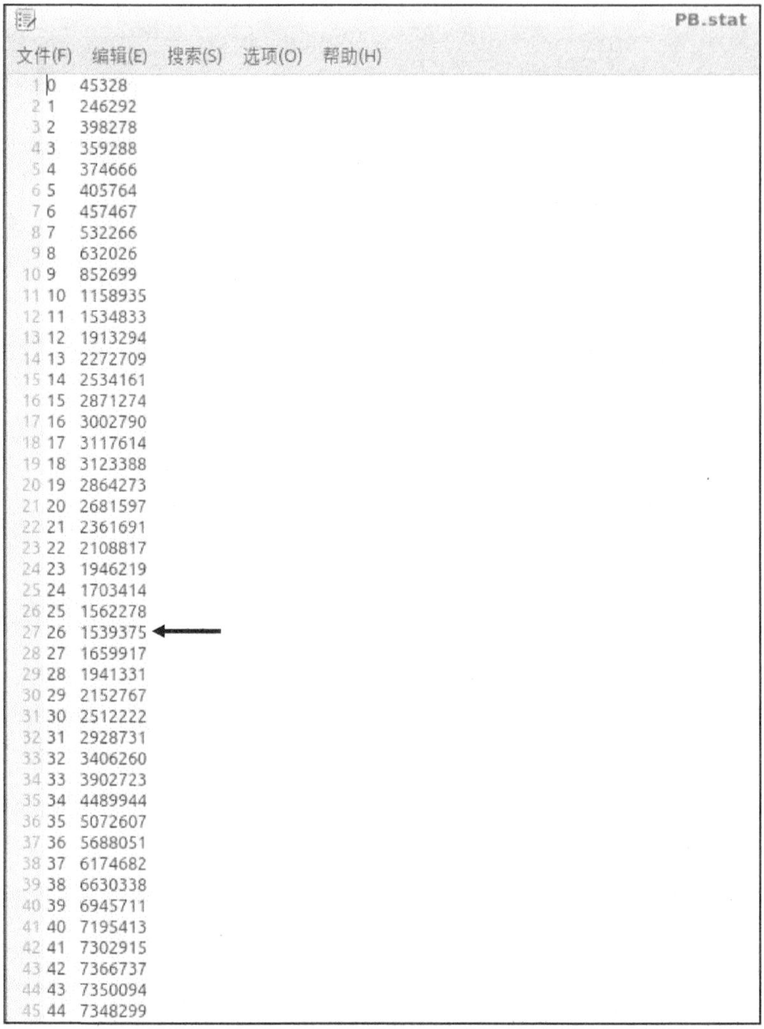

PB.stat

文件(F) 编辑(E) 搜索(S) 选项(O) 帮助(H)

```
0	45328
1	246292
2	398278
3	359288
4	374666
5	405764
6	457467
7	532266
8	632026
9	852699
10	1158935
11	1534833
12	1913294
13	2272709
14	2534161
15	2871274
16	3002790
17	3117614
18	3123388
19	2864273
20	2681597
21	2361691
22	2108817
23	1946219
24	1703414
25	1562278
26	1539375  ←
27	1659917
28	1941331
29	2152767
30	2512222
31	2928731
32	3406260
33	3902723
34	4489944
35	5072607
36	5688051
37	6174682
38	6630338
39	6945711
40	7195413
41	7302915
42	7366737
43	7350094
44	7348299
```

图 56 “PB.stat”结果

busco --in hd-pac.purged.fa --cpu 96 --out hd-pac-purge-busco --lineage_dataset /home/psdz/Downloads/busco/eudicots_odb10 --mode geno --augustus_species arabidopsis

其中“hd-pac.purged.fa”是上面去除冗余后的基因组文件名；“--cpu 96”中的 96 是计算机 CPU 线程数，读者可以按照自己的计算机 CPU 状况更改设置；“/home/psdz/Downloads/busco/eudicots_odb10”是数据库所在的位置；“--mode geno”中的“geno”是指基因组模式；“--augustus_species arabidopsis”是指基因组中用于预测基因的物种名称，我用的是拟南芥。如果要采用不同的物种可到“busco_5.0”安装目录下寻找。例如，我的“busco_5.0”程序安装目录在“/media/psdz/data/anaconda3/envs”下，那就可以在它下面的“/busco_5.0/config/specie”（即“/media/psdz/data/anaconda3/envs/busco_5.0/config/species”）下找到相应的用于基因预测的物种。“BUSCO”运行完成后会在LX终端显示结果，如图57所示。注意，运行“BUSCO”一定要联网。

```
psdz@psdz-X11DAi-N: ~/Downloads/purge_dups/scripts/hd-pac-pac-2/coverage
INFO:   [hmmsearch]     1396 of 2326 task(s) completed
INFO:   [hmmsearch]     1629 of 2326 task(s) completed
INFO:   [hmmsearch]     1861 of 2326 task(s) completed
INFO:   [hmmsearch]     2094 of 2326 task(s) completed
INFO:   [hmmsearch]     2326 of 2326 task(s) completed
INFO:   Extracting missing and fragmented buscos from the file refseq_db.faa...
INFO:   Running 1 job(s) on metaeuk, starting at 04/01/2021 12:47:02
INFO:   [metaeuk]       1 of 1 task(s) completed
INFO:   ***** Run HMMER on gene sequences *****
INFO:   Running 52 job(s) on hmmsearch, starting at 04/01/2021 14:19:33
INFO:   [hmmsearch]     6 of 52 task(s) completed
INFO:   [hmmsearch]     11 of 52 task(s) completed
INFO:   [hmmsearch]     16 of 52 task(s) completed
INFO:   [hmmsearch]     21 of 52 task(s) completed
INFO:   [hmmsearch]     27 of 52 task(s) completed
INFO:   [hmmsearch]     32 of 52 task(s) completed
INFO:   [hmmsearch]     37 of 52 task(s) completed
INFO:   [hmmsearch]     42 of 52 task(s) completed
INFO:   [hmmsearch]     47 of 52 task(s) completed
INFO:   [hmmsearch]     52 of 52 task(s) completed
INFO:   Validating exons and removing overlapping matches
INFO:   Results:        C:98.4%[S:89.2%,D:9.2%],F:0.4%,M:1.2%,n:2326

INFO:

        --------------------------------------------------
        |Results from dataset eudicots_odb10              |
        --------------------------------------------------
        |C:98.4%[S:89.2%,D:9.2%],F:0.4%,M:1.2%,n:2326     |
        |2289   Complete BUSCOs (C)                       |
        |2074   Complete and single-copy BUSCOs (S)       |
        |215    Complete and duplicated BUSCOs (D)        |
        |10     Fragmented BUSCOs (F)                     |
        |27     Missing BUSCOs (M)                        |
        |2326   Total BUSCO groups searched               |
        --------------------------------------------------
INFO:   BUSCO analysis done. Total running time: 7897 seconds
INFO:   Results written in /home/psdz/Downloads/purge_dups/scripts/hd-pac-pac-2/coverage/hd-pac-pseudo-2purge
INFO:   For assistance with interpreting the results, please consult the userguide: https://busco.ezlab.org/busco_userguide.ht
ml

(busco_5.0) psdz@psdz-X11DAi-N:~/Downloads/purge_dups/scripts/hd-pac-pac-2/coverage$
```

图57　“BUSCO”结果

## 第六节　Hi-C组装

Hi-C组装是利用Hi-C测序数据把初步组装的基因组组装提升到染色体水平。本书介绍的Hi-C组装流程基于“3D-DNA”程序。

首先对Hi-C测序数据进行过滤，可以使用“sickle”程序，前面已经介绍。之后建立一个“fastq”目录，如图58所示（这里演示的是把“fastq”目录放在了“hic-read”目录下）。然后把过滤后的Hi-C测序文件拷贝到“fastq”目录下，将Hi-C测序文件名称改为包含“_R1”和“_R2”字符（图59），如果不修改文件名，运行相关程序时会报错（图60），提示找不到文件。建立好目录和改名后，安装依赖程序：

```
conda install -c conda-forge/label/cf202003 gawk
conda install -c conda-forge/label/cf202003 parallel
```

图 58 设置“HiC”运行环境—1

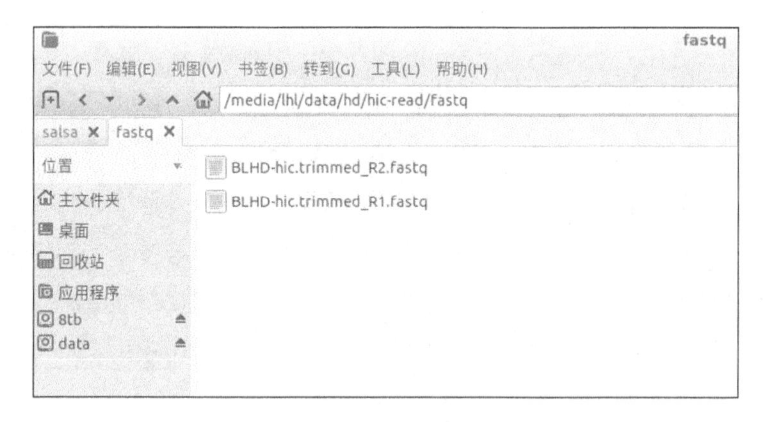


图 59 设置“HiC”运行环境—2

```
(base) lhl@lhl-Z10PA-D8-Series:/media/lhl/data/hd$
(base) lhl@lhl-Z10PA-D8-Series:/media/lhl/data/hd$ bash /media/lhl/8tb/software/juicer/CPU/juicer.sh -g HD -d /media/lhl/data/
hd/hic-read -s MboI -t 48 -y genome_MboI.txt -z scaffold.break-hic.fa -p genome.chrom.sizes -D /media/lhl/8tb/software/juicer/
CPU
Using genome_MboI.txt as site file
***! Failed to find any files matching /media/lhl/data/hd/hic-read/fastq/*_R*.fastq*
***! Type "juicer.sh -h " for help
(base) lhl@lhl-Z10PA-D8-Series:/media/lhl/data/hd$
```

图 60 “Hi-C”运行中报错情况 Hi-C 测序文件没有更改为包含“_R1”和“_R2”字符

安装完成后，下载“juicer”程序（https://github.com/aidenlab/juicer/ releases/tag/ 1.6），下载后可以直接使用，但使用前先要在其下的“CPU”目录下建立一个“scripts”目录，然后把“common”文件夹拷贝到“scripts”目录下（图 61，图 62）。命令如下：

```
cd /media/lhl/8tb/software/juicer/CPU
mkdir scripts
```

cp -r /media/lhl/8tb/software/juicer/CPU/common /media/lhl/8tb/software/juicer/CPU/scripts

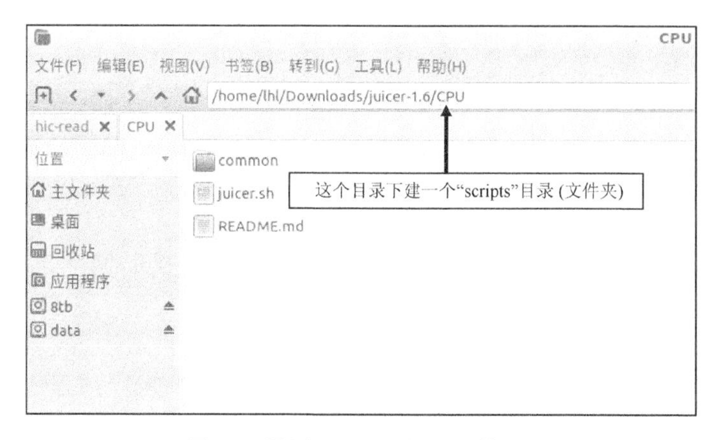


图 61　设置 "Hi-C" 运行环境—3

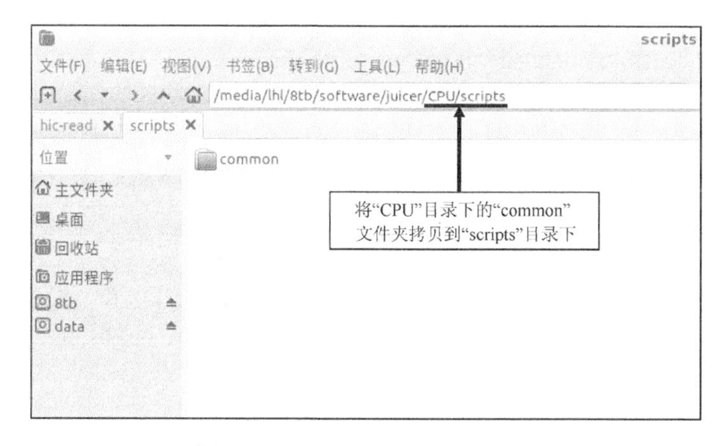


图 62　设置 "HiC" 运行环境—4

之后下载"juicer_tools.2.04.06.jar"(https://github.com/aidenlab/Juicebox/ releases/tag/2.04.06)。下载完成后，改名为 juicer_tools.jar，然后拷贝到"/media/lhl/ 8tb/software/juicer/CPU/scripts/common" 目录下。设置环境变量：

```
export PATH=/home/lhl/Downloads/samtools-1.12:$PATH
export PATH=/home/lhl/Downloads/bwa-0.7.17:$PATH
```

这是因为程序运行中要调用 "samtools" 和 "bwa" 两个程序。之后运行：

```
cd /media/lhl/data/hd
```

进入初步组装的基因组文件（去除冗余后的基因组）所在的目录，运行：

```
python /media/lhl/8tb/software/juicer/misc/generate_site_positions.py MboI genome scaffold.break-hic.fa
```

其中“MboI”是建 Hi-C 测序库时用的限制性内切核酸酶（读者所用的酶可能和我的不同，请咨询测序公司确定），“genome”后的“scaffold.break-hic.fa”是初步组装的基因组文件名称（注意这里我把上一节组装的基因组名称由“hd-pac.purged.fa”改为了“scaffold.break-hic.fa”，请读者知悉）。之后运行：

```
bwa index scaffold.break-hic.fa
```

利用“bwa”程序对初步组装的基因组序列建立索引，然后运行：

```
samtools faidx scaffold.break-hic.fa
cut -f 1,2 scaffold.break-hic.fa.fai >genome.chrom.sizes
```

利用“samtools”程序对初步组装的基因组序列长度进行统计，生成“scaffold.break-hic.fa.fai”文件；再利用“cut”命令把“scaffold.break-hic.fa.fai”第 1 列和第 2 列提取出来，生成“genome.chrom.sizes”文件。之后运行：

```
bash /media/lhl/8tb/software/juicer/CPU/juicer.sh -g HD -d /media/lhl/data/hd/hic-read -s MboI -t 48 -y genome_MboI.txt -z scaffold.break-hic.fa -p genome.chrom.sizes -D /media/lhl/8tb/software/juicer/CPU
```

其中“-g”后面是程序运行后生成的结果文件前缀名（读者可根据自己的需要修改）；“-d”后面是 Hi-C 测序数据所在的目录（图 58，图 59）；“-s”后面是内切酶名称；“-t”后面是计算机线程数；“-y”后面是上面执行“python /media/lhl/8tb/software/juicer/misc/generate_site_positions.py”生成的结果文件；“-D”后面是执行“juicer”需要调用的文件所在的目录（图 61）。

“juicer”运行结束会提示“GPUs are not installed so HiCCUPs cannot be run”，不用理会。“juicer”生成的结果在“hic-read”目录下的“aligned”目录中（图 63）。后期分析仅需要“merged_nodups.txt”（图 64）文件，其他只是中间结果文件。对于其中的“inter_30.hic”这一文件，可以用“Juicebox”程序打开并查看 Hi-C 初步组装结果。“Juicebox”的下载地址是 https://github.com/aidenlab/Juicebox/releases/tag/2.04.06。下载后可以直接运行，命令如下：

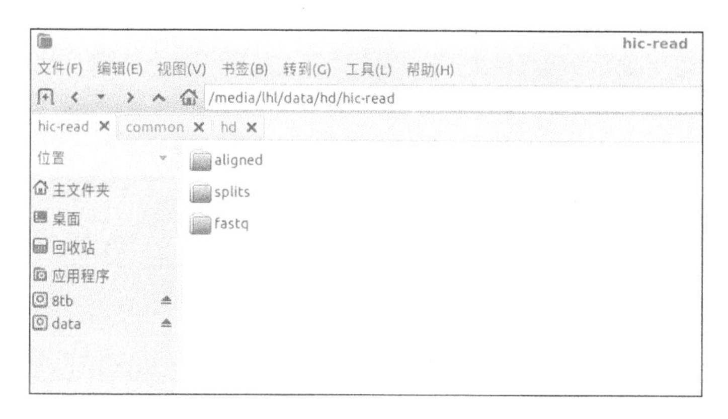


图 63 “juicer”运行结果—1

java -jar /home/lhl/Downloads/juicebox.2.04.06.jar

这个命令会打开一个界面，点击菜单栏“File”找到“inter_30.hic”文件后，查看 Hi-C 挂载结果（图 65~图 67）。当然这不是最后的结果，需要进一步分析。首先下载“3D-DNA”（https://github.com/aidenlab/3d-dna/releases），下载后不用安装，然后运行命令：

bash /home/lhl/Downloads/3d-dna-201008/run-asm-pipeline.sh scaffold.break-hic.fa /media/lhl/data/hd/hic-read/aligned/merged_nodups.txt

其中“scaffold.break-hic.fa”是初步组装的基因组文件名称；“merged_ nodups.txt”是上面运行“juicer.sh”生成的结果（图 64）。“run-asm-pipeline.sh”的最终结果文件如图 68 所示。组装效果可以用“juicebox”检查。运行如下：

java -jar /home/lhl/Downloads/juicebox.2.04.06.jar

选择后缀名为“.rawchrom.hic”的文件打开（图 68），再加载后缀名为“rawchrom.assembly”或“_HiC.assembly”的文件（图 69~图 71）。这里注意，加载“.assembly”文件后，图像没有变化，这时在加载的图像任意位置双击鼠标就会出现不同颜色的边界线条，蓝色框是染色体的边界，绿色框是前期初步组装的基因组拼接序列（图 72）。从图 72 中可以看出，组装的序列被分配到了 8 个染色体上，与染色体数目观测结果一致。同时红色信号区域主要沿着对角线分布，其他位置没有出现典型的干扰信号，因此 Hi-C 组装效果很好，可以直接用于后续分析。结果文件的后缀名为“_HiC.fasta”。

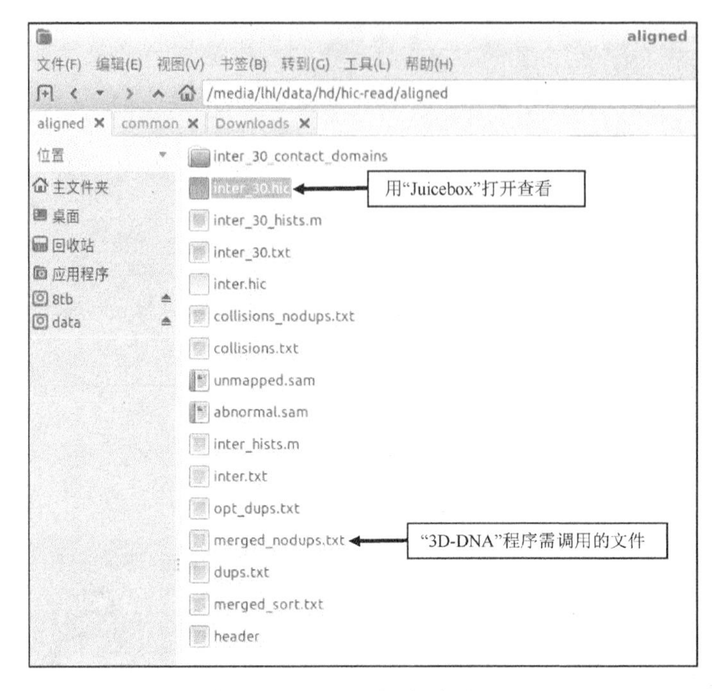


图 64 "juicer"运行结果—2

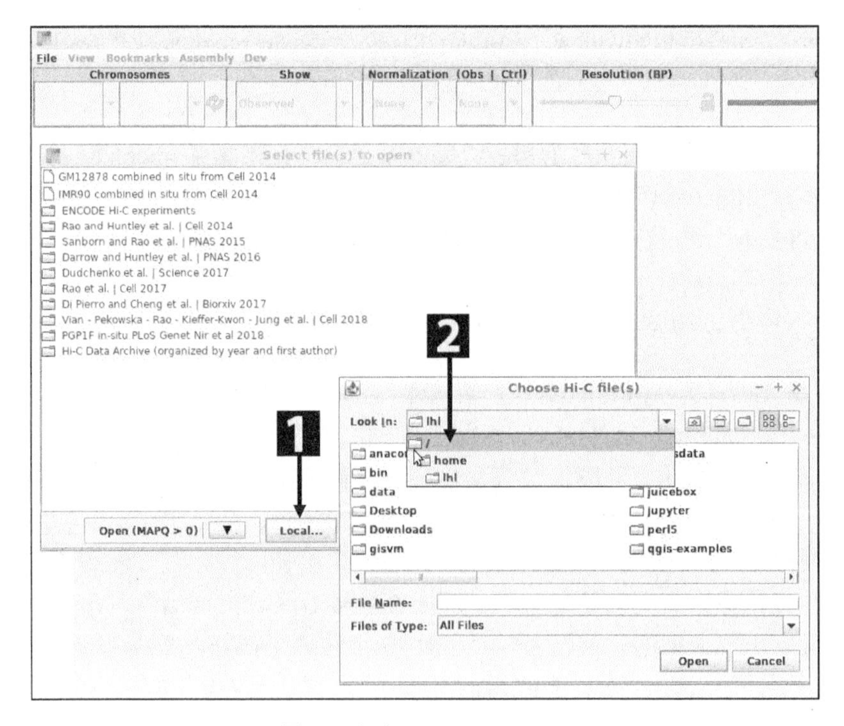


图 65 运行"juicebox"—1

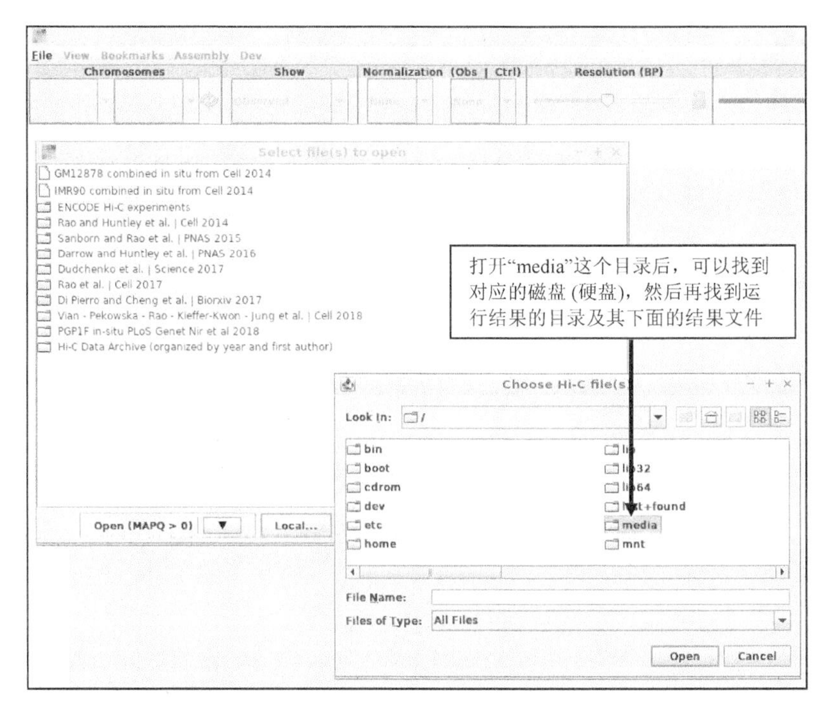


图 66　运行“juicebox”—2

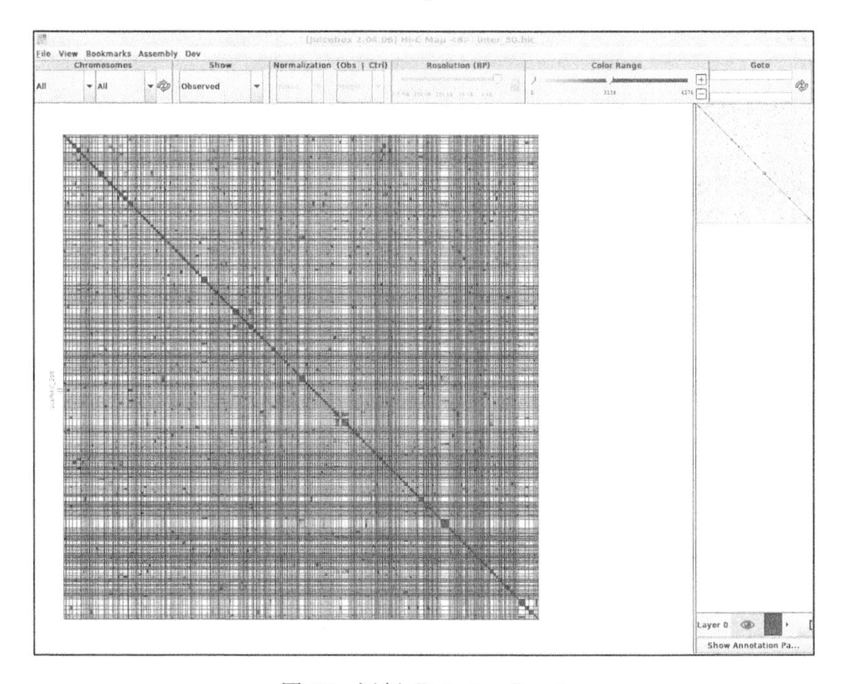


图 67　运行“juicebox”—3

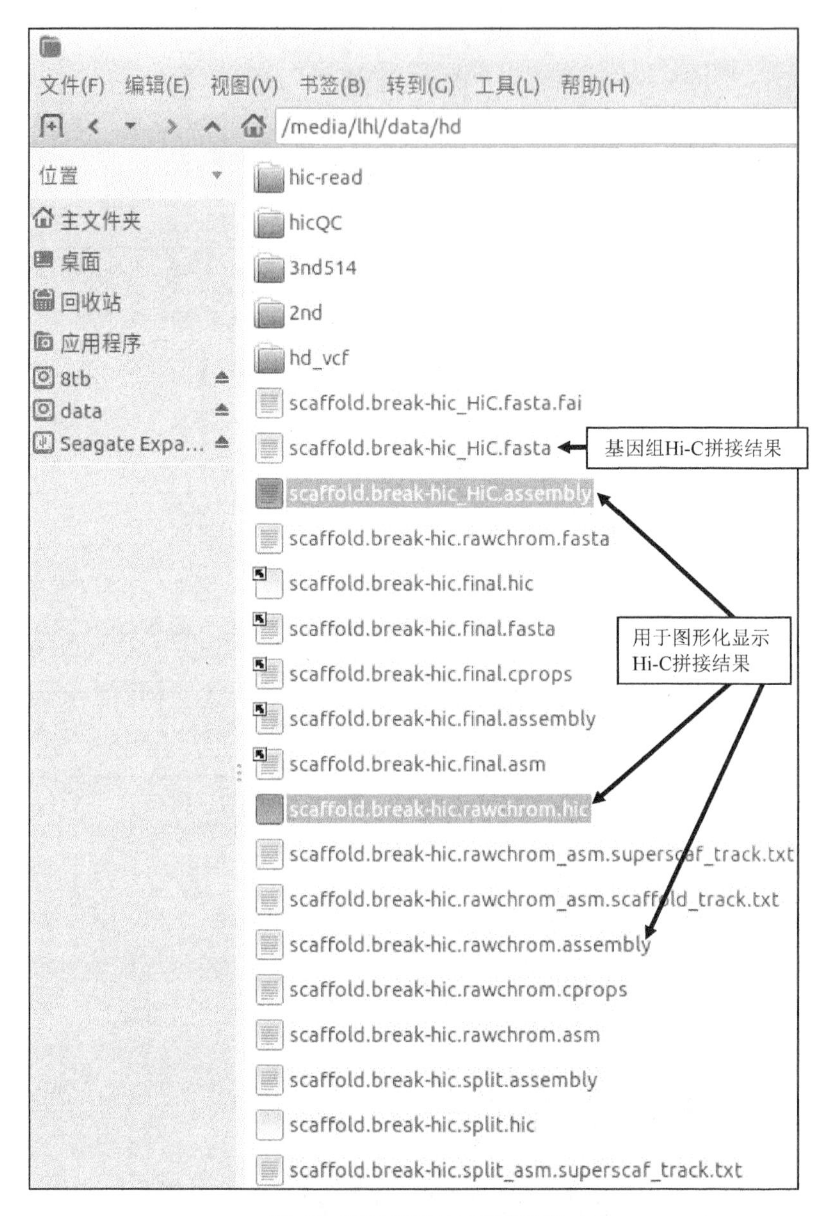


图 68 “3D-DNA”运行结果

如果觉得染色体分组结果（染色体划分）不正确或者前期初步组装的基因组中拼接结果不正确，可利用“juicebox”进行调整。如果要合并染色体，在“juicebox”图形界面，按住键盘“shift”键，将鼠标移到需要合并的两个染色体中的一个，点击鼠标，就会出现“井”字形框。松开“shift”键，把鼠标移到这个框的左上角或右下角，鼠标会变成“半框加箭头”（图 73），一直按住鼠标，向上或

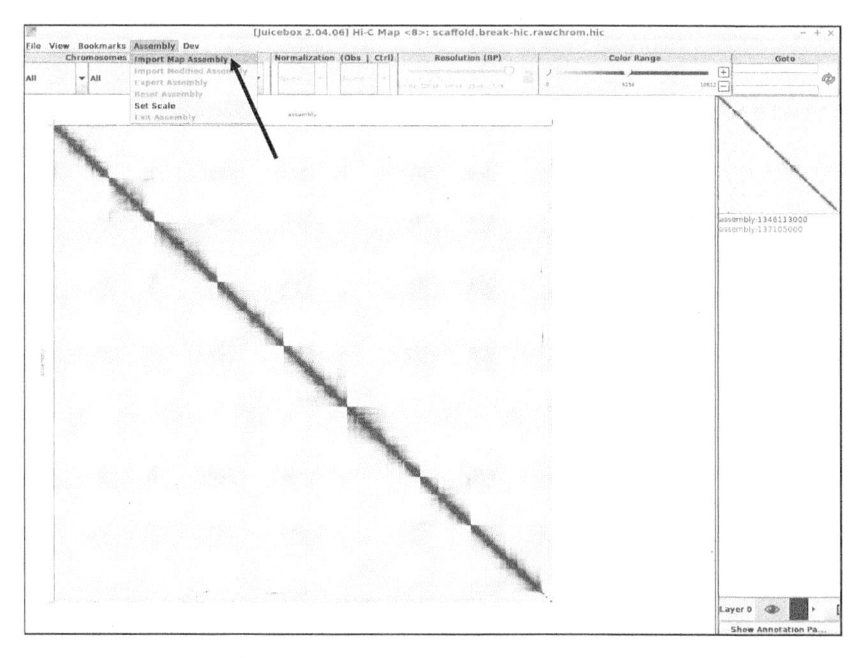


图 69　查看“3D-DNA”组装效果—1

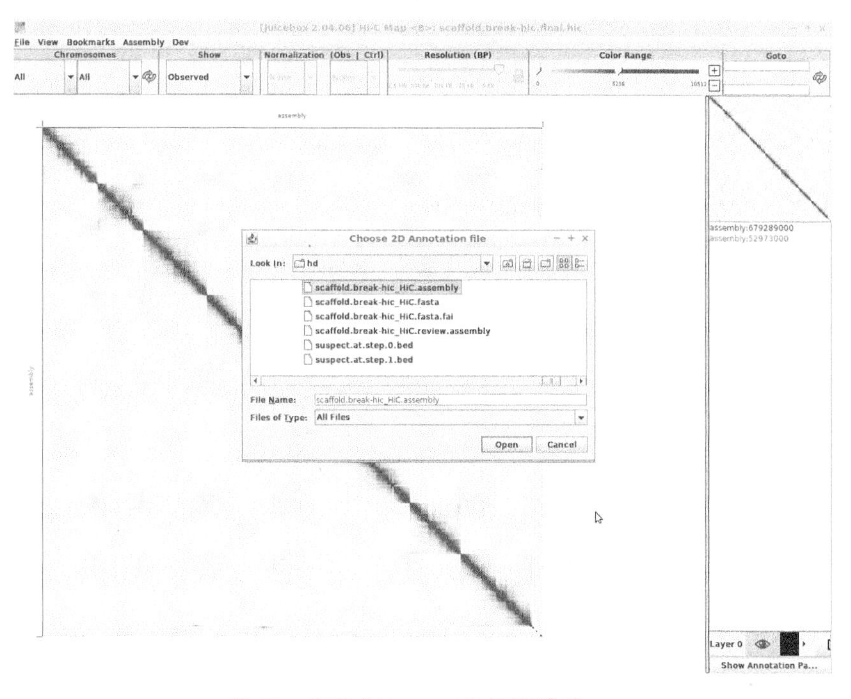


图 70　查看“3D-DNA”组装效果—2

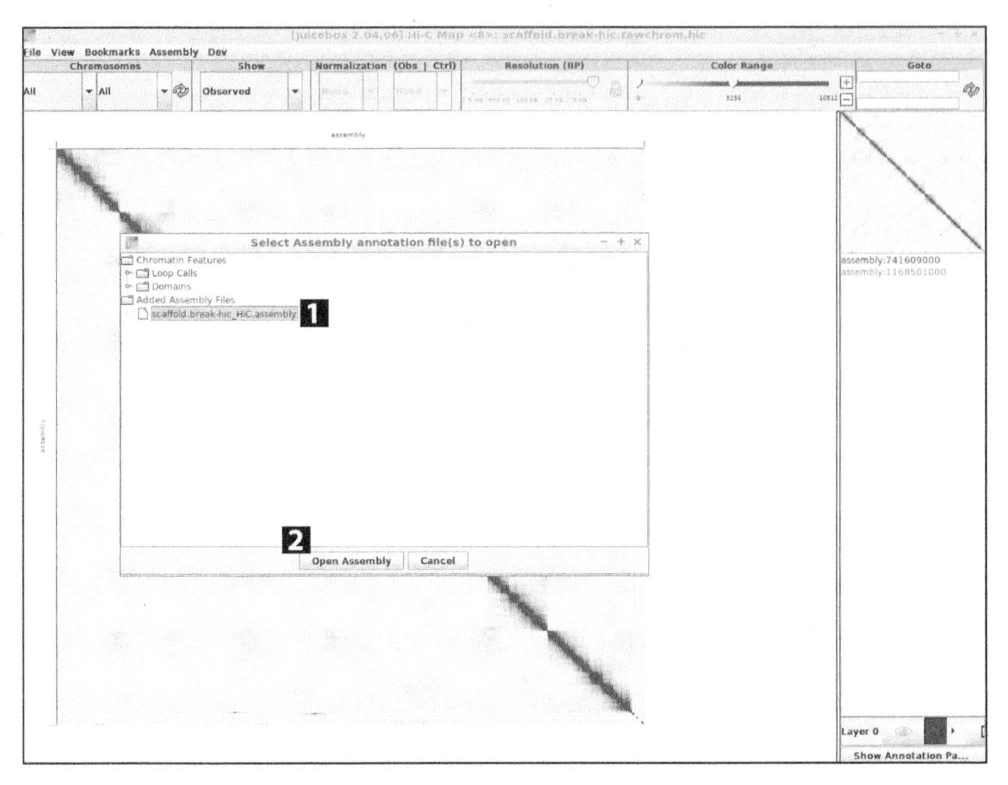


图 71　查看“3D-DNA”组装效果—3

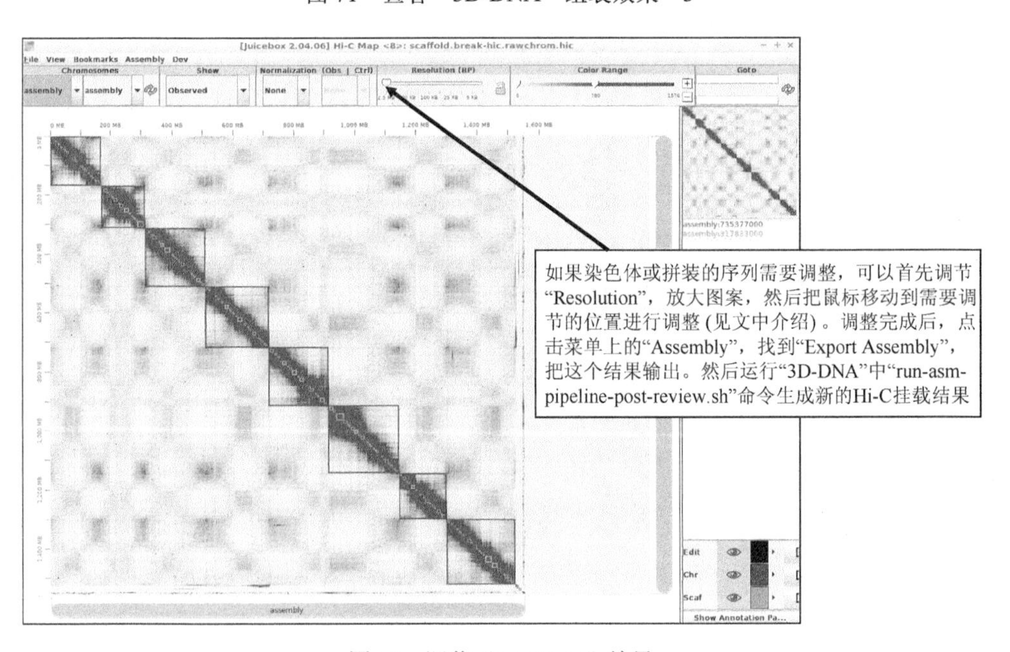


图 72　调节“3D-DNA”结果

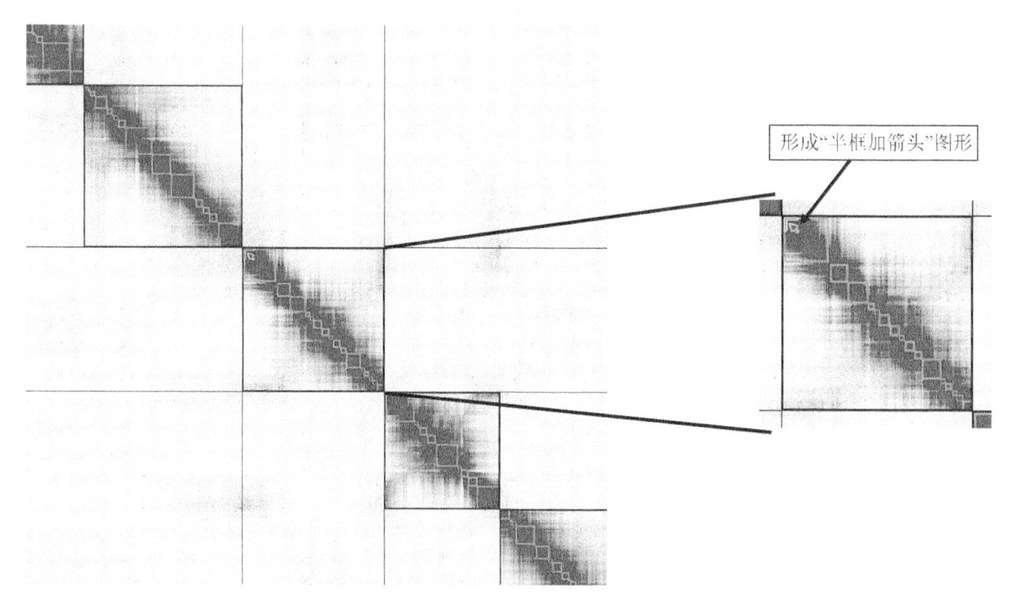


图 73　利用“juicebox”合并染色体—1

向下拖动鼠标，使“井”字形外框的边界扩大到需要合并的位置，停止，点击鼠标右键，选择“Remove chr boundaries”，就可以把两个染色体合并为一个染色体（图 74，图 75）。另外，形成“井”字形框时，如果把鼠标移到框的右上角或左下角，鼠标会变为圆形，点击鼠标，框内的染色体上下位置会颠倒（图 76）；形成“井”字形框时，如果把鼠标移到“井”字形框外部的其他绿色框或蓝色框边界处，鼠标变为一个箭头形状（代表插入），点击鼠标，就会把选定的框插入指定位置（图 77）。如果发现拼接序列中有错拼，同样是按住“shift”键，把鼠标移到指定拼接序列位置（某个绿色框），点击鼠标，就形成一个“井”字形框，松开“shift”键，把鼠标放在“井”字形框内红色对角线区域，鼠标就会变为剪刀的形状，沿着对角线移到错拼的位置，点击鼠标，就可以把这个拼接序列在错拼的位置断开，形成两个新拼接序列（图 78）。如果发现某个染色体包含了本应该属于不同染色体的拼接序列，把鼠标移到需要调整的拼接序列位置（两个绿色框中间），鼠标就会变成“半框”图形，点击鼠标，原来的染色体就被分为两个染色体（图 79）。读者还可参考 https://github.com/aidenlab/Juicebox/wiki/Juicebox-Assembly-Tools 网站下的“Juicebox Assembly Tools”条目进行染色体调整。

调整完成后，按照图 72 说明，用“Export Assembly”命令把调整的结果输出，再用“run-asm-pipeline-post-review.sh”生成后缀为“.review.assembly”的文件，然后运行：

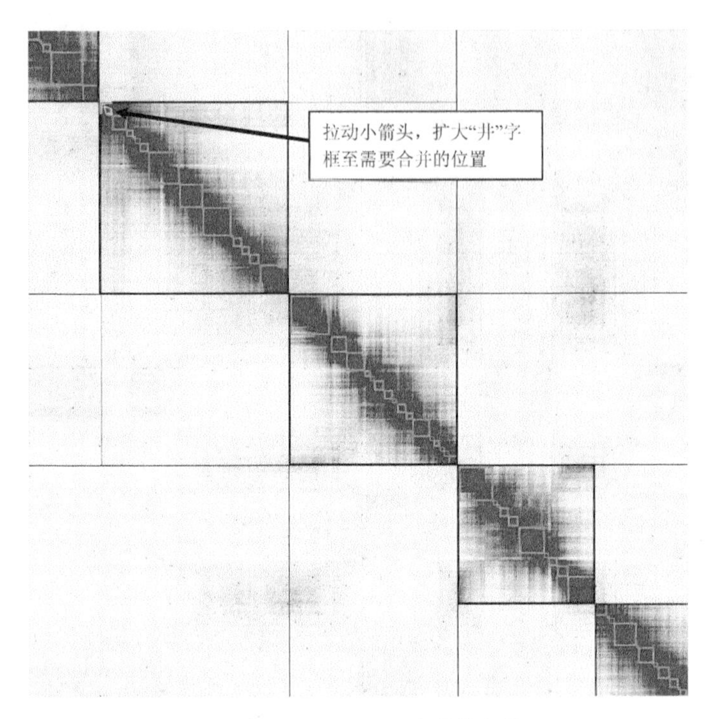


图 74　利用“juicebox”合并染色体—2

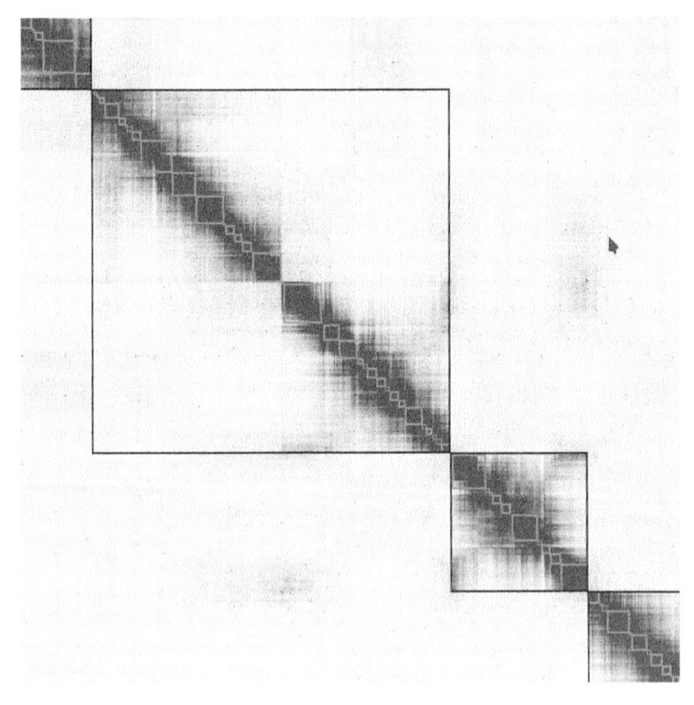

图 75　利用“juicebox”合并染色体—3

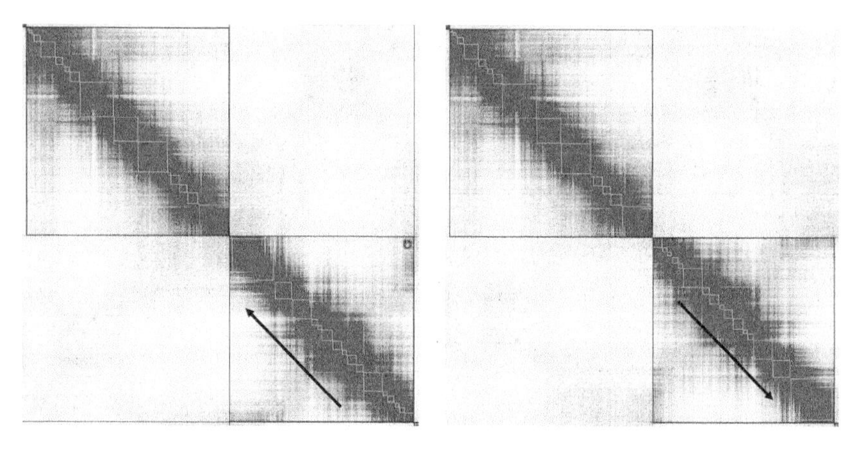

图 76　利用“juicebox”颠倒染色体上下位置

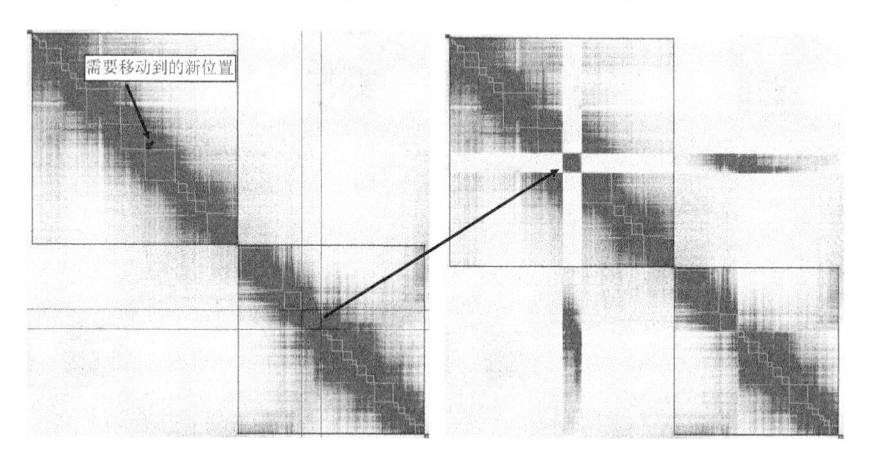


图 77　利用“juicebox”移动拼接序列到新位置

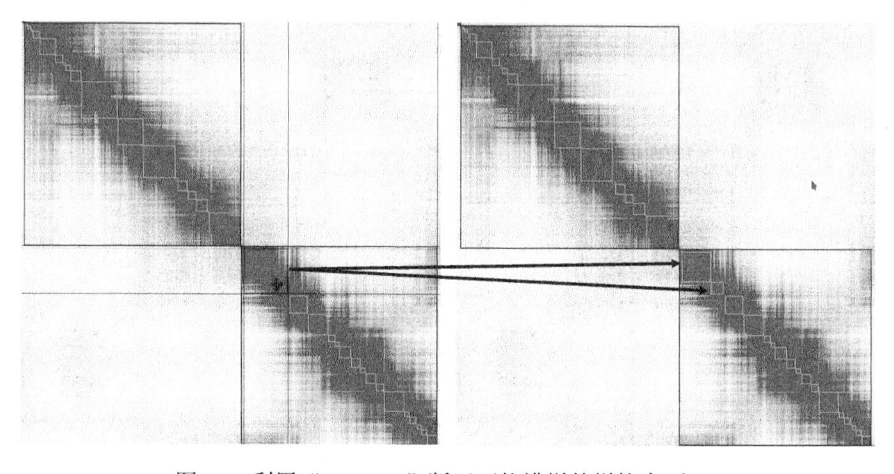

图 78　利用“juicebox”断开可能错拼的拼接序列—1

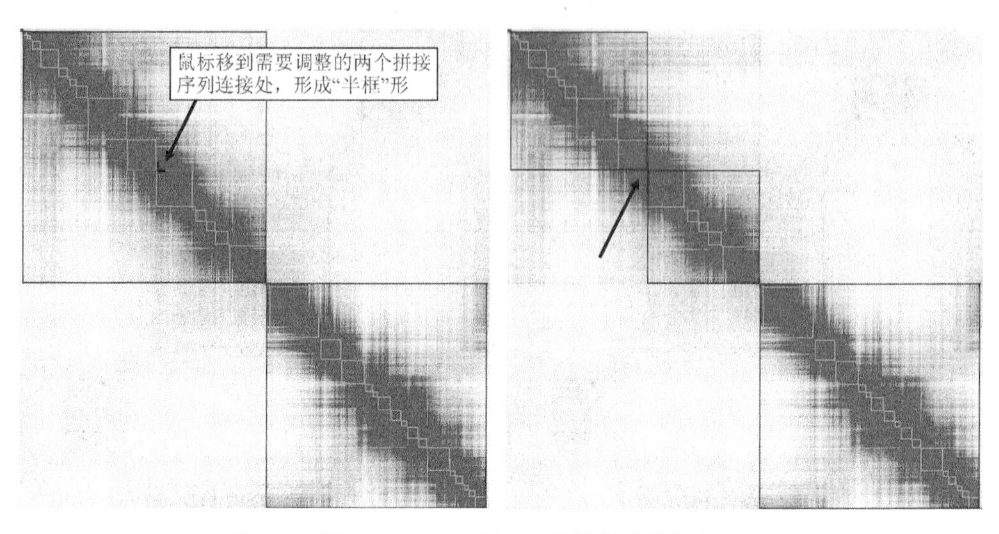


图 79　利用“juicebox”断开可能错拼的拼接序列—2

bash /home/lhl/Downloads/3d-dna-201008/run-asm-pipeline-post-review.sh scaffold.break- hic_HiC.review.assembly scaffold.break-hic.fa /media/lhl/data/hd/hic-read/aligned/merged_nodups.txt

其中“scaffold.break-hic_HiC.review.assembly”是调节染色体边界后用“Export Assembly”命令输出的文件，“scaffold.break-hic.fa”是前期初步组装的基因组文件名称，“merged_nodups.txt”为前面运行“juicer”生成的结果（图 64）。这样就生成新的 Hi-C 挂载结果。

上述是利用“3D-DNA”进行 Hi-C 数据组装后的人工纠错，另外也有程序可以帮助自动纠错，然后再进行第二次“3D-DNA”组装。纠错程序可以从 https://github.com/caixu0518/MisjoinDetect 网站下载。首先运行“3D-DNA”自带的一个程序：

bash /home/lhl/Downloads/3d-dna-201008/edit/run-mismatch-detector.sh scaffold.break-hic.rawchrom.hic

其中“scaffold.break-hic.rawchrom.hic”是第一次运行“3D-DNA”的结果（图 68），再运行“MisjoinDetect”下的程序：

perl /media/lhl/8tb/software/MisjoinDetect-master/misjoins_from_3d_dna/01.get_breakpoints.pl
scaffold.break-hic.rawchrom_asm.scaffold_track.txt mismatch_narrow.bed

其中后缀名为“.scaffold_track.txt”的文件是运行“3D-DNA”的结果（图 68 中“scaffold.break-hic.rawchrom.hic”下面第二个文件），“mismatch_narrow.bed”是执行上一个命令“run-mismatch-detector.sh”生成的结果。然后运行：

perl /media/lhl/8tb/software/MisjoinDetect-master/misjoins_from_3d_dna/02.generate_corrected_breakpoints.pl -fasta scaffold.break-hic.fa -breakpoint mismatch_narrow.bed.breakpoints

其中“-fasta”后面是前期初步组装的基因组文件名称，“-breakpoint”后面是上一个命令“01.get_breakpoints.pl”生成的结果。然后运行：

perl /media/lhl/8tb/software/MisjoinDetect-master/misjoins_from_3d_dna/03.break_misjoin_scfs.pl -fasta scaffold.break-hic.fa -breakpoint corrected.breakpoints.list

其中“-fasta”后面是前期初步组装的基因组文件名称，“-breakpoint”后面是上一个命令“02.generate_corrected_breakpoints.pl”生成的结果。运行后生成后缀名为“.corrected.fa”的文件，如我的结果为“scaffold.break-hic.fa.corrected.fa”。先把这个文件中的每个序列名称进行修改，执行：

```
awk '/^>/{print ">contig" ++i; next} {print}' <scaffold.break-hic.fa. corrected.fa >second.fasta
```

这个命令是把“scaffold.break-hic.fa.corrected.fa”文件中每个序列的名字重新命名为“contig+数字”。例如，“scaffold.break-hic.fa.corrected.fa”第一个序列的名称为“Hic-Scaffold-a”，第二个序列的名称为“Hic-Scaffold-b”，执行命令后，第一个序列的名称改为“contig1”，第二个序列的名称改为“contig2”，依次类推。这个命令的目的是简化序列名称（注：这个命令也可以不运行）。更改序列名称后，用这个新的基因组文件，即“second.fasta”文件，重新运行一次 Hi-C 组装，运行之前要先把以前运行的结果删除（第一次运行“3D-DNA”的中间结果也可以删除），包括“hic-read”下面的“aligned”和“splits”这两个目录（图 80），但“fastq”目录不能删，其下面是 Hi-C 测序数据，第二次运行“3D-DNA”程序时还要用到。然后利用“3D-DNA”进行第二次 Hi-C 组装，具体命令如下：

```
python /media/lhl/8tb/software/juicer/misc/generate_site_positions.py MboI genome second.fasta
bwa index second.fasta
```

```
samtools faidx second.fasta
cut -f 1,2 second.fasta.fai >genome.chrom.sizes
bash /media/lhl/8tb/software/juicer/CPU/juicer.sh -g HD -d /media/lhl/data/hd/hic-read -s MboI -t 48 -y genome_MboI.txt -z second.fasta -p genome.chrom.sizes -D /media/lhl/8tb/software/juicer/CPU
bash /home/lhl/Downloads/3d-dna-201008/run-asm-pipeline.sh second.fasta /media/lhl/data/hd/hic-read/aligned/merged_nodups.txt
```

图 80 删除第一次运行“3D-DNA”的中间结果

采用“3D-DNA”进行 Hi-C 组装完成后，就要进行空隙填充（gap closing）。这是由于 Hi-C 染色体挂载是把前期初步组装的拼接序列按照染色体上序列排列的顺序进行串联和搭建（scaffold），串联和搭建的两两相邻序列的中间序列有可能是不清楚的，不清楚的位置就用多个“N”代替具体碱基，形成了空隙，所以就要用原始测序数据尝试把这些空隙补（填充）上。这里用的工具是“TGS-GapCloser”（https://github.com/BGI-Qingdao/TGS-GapCloser），安装运行如下：

```
conda create -n tgsgapcloser
```

建立一个以“tgsgapcloser”为名字的环境，然后运行：

```
conda activate tgsgapcloser
```

进入“tgsgapcloser”环境，然后运行：

```
conda install -c bioconda tgsgapcloser=1.0.3
```

安装“TGS-GapCloser”，然后运行：

```
cd /media/lhl/data/hd/3D-DNA_SECOND_result
```

进入第二次“3D-DNA”组装结果的目录，然后运行：

```
tgsgapcloser --scaff second_HiC.fasta --reads /media/lhl/hillgy/HD-nanopore.
trim-adpater.no-mt-cp.fasta --output HD-second_HiC-scaffold.fasta --ne --thread 48
```

其中“--scaff”后面是第二次利用“3D-DNA”组装的基因组文件；“--reads”后面是去接头后的三代测序文件；“--output”是输出的结果文件；“--ne”代表填充完成后不用“TGS-GapCloser”自带的方法纠错；“--thread”后面是计算机线程数。空隙填充完成后，可以利用上面介绍的“racon”和“HAPO-G”程序进行基因组序列纠错。

纠错完成后，再更改纠错后基因组中的序列名称，使序列名称对应各染色体（如序列名称更改为“chr1”、“chr2”等，代表 1 号染色体、2 号染色体等），有利于后期分析时明确序列性质。首先可以先查看序列名称，可以用“grep”命令：

```
grep ">" hapog-2.fasta >seq-head
```

因为序列的名称前面都有一个“>”符号，所以用“grep”命令把包含“>”的行提取出来，也就是把序列名称提取出来。“hapog-2.fasta”为我纠错后的基因组文件名（读者可以按照自己组装的基因组文件名更改）。双击鼠标，打开“seq-head”结果文件，如我的文件内容如下：

```
>scaffold1 LN:i:74331980 RC:i:478246 XC:f:0.999193
>scaffold10 LN:i:34385131 RC:i:215700 XC:f:1.000000
>scaffold100 LN:i:15372 RC:i:347 XC:f:1.000000
>scaffold101 LN:i:15665 RC:i:92 XC:f:1.000000
>scaffold102 LN:i:15705 RC:i:212 XC:f:1.000000
>scaffold103 LN:i:14026 RC:i:2224 XC:f:1.000000
>scaffold104 LN:i:15697 RC:i:7 XC:f:0.031250
```

```
>scaffold105 LN:i:15214 RC:i:12 XC:f:0.741935
>scaffold106 LN:i:13726 RC:i:214 XC:f:1.000000
>scaffold107 LN:i:14333 RC:i:111 XC:f:1.000000
>scaffold108 LN:i:14093 RC:i:1136 XC:f:1.000000
…
```

可以看到序列名很长，而且染色体对应的序列名称没有体现，因此需要进行更改。首先将“LN”后面的所有字符去除，由于“LN”字符前面为空格，可以执行：

```
sed "s/ .*$ //g" hapog-2.fasta > hapog-2.0.fasta
```

其中“ .*$”(注意这里是“空格.$*”)是指把第一个空格后面的所有字符替换掉，“.”和“*”是通配符，“$”下面会说到。执行完成后，序列名称替换如下：

```
>scaffold1
>scaffold10
>scaffold100
>scaffold101
>scaffold102
>scaffold103
>scaffold104
>scaffold105
>scaffold106
>scaffold107
>scaffold108
…
```

之后可以把基因组中的所有序列按照从长到短的顺序进行整理，利用“seqkit”工具中的“sort”排序命令，执行：

```
/home/w/download/tools/seqkit sort -l -r hapog-2.0.fasta > hapog-2.1.fasta
```

其中“-l”是指按照序列长度进行排序；“-r”是逆次序，即由长到短排列序列。排列完成后，查看需要修改的序列名称（可以用上面介绍的“grep “>””命令），再利用“sed”命令把染色体对应的序列名称改为“chr”、“CHR”或“CHROMOSOME”等开头的名称，命令如下：

```
sed -e "s/scaffold1$/chr1/g" -e "s/scaffold2$/chr2/g" -e "s/scaffold3$/chr3/g" -e
```

"s/scaffold4$/chr4/g" -e "s/scaffold5$/chr5/g" -e "s/scaffold6$/chr6/g" -e "s/scaffold7$/chr7/g" -e "s/scaffold8$/chr8/g" hapog-2.1.fasta > hapog-2.2.fasta

其中“scaffold1”对应“chr1”（染色体 1），“scaffold2”对应“chr2”（染色体 2），直至物种对应的染色体数目（如我研究的物种染色体数目为 $2n$=16，替换到“8”就可以）；“-e”是指运行一次“sed”可以执行多个命令；另外需要注意的是“$”这个符号，它在这里是指以什么结尾的意思。例如，从上面可以看到，“scaffold1”这个字符串在多个序列名称中出现，如只写“scaffold1”，会把“scaffold10”或“scaffold100”等中的“scaffold1”也替换成“chr1”，即“scaffold10”替换为“chr10”、“scaffold100”或“chr100”，就会弄混序列名称。因此我们利用“$”这个符号，指定只有以“scaffold1”字符串结尾的才被替换，就不会混淆序列名称。

# 第五章　重复序列查找

这里的重复序列和上一章介绍的冗余序列有所不同。上一章的冗余序列是由于染色体杂合性造成的，会导致拼接错误。这里的重复序列主要指转座子（transposable）序列，可以利用“EDTA”程序（https://github.com/oushujun/ EDTA）查找这些重复序列。这个程序利用“conda”安装最方便，方法如下：

```
git clone https://github.com/oushujun/EDTA.git
```

下载 EDTA，然后运行：

```
cd EDTA
```

进入 EDTA 目录，然后运行：

```
conda env create -f EDTA.yml
```

安装 EDTA，然后运行：

```
conda activate EDTA
```

启动“EDTA”环境（如果已经在一个“conda”环境中，需退出前一个环境再进入“EDTA”环境。退出命令为“conda deactivate”），然后运行：

```
cd /media/lhl/data/hd/3D-DNA_SECOND_result
```

进入“3D-DNA”组装后的基因组文件所在的目录，执行：

```
EDTA.pl --genome hapog-2.2.fasta --anno 1 --threads 48
```

其中“--genome”后面是组装的基因组文件；“--anno 1”是对全基因开展重复序列注释；“--threads”后面是计算机线程数。运行完成后，生成一个后缀名为“.sum”的文件（图 81），为各类重复序列的汇总统计（图 82）。运行结果还包括一个后缀名为“.TEanno.gff3”的文件（图 81），是各种重复序列类型以及它们在基因组序列中位置的详细注释（图 83）。其中第 1 列是基因组中各序列的名称，第 3 列是重复序列类型，第 4 列和第 5 列分别是重复序列在基因序列中的起始和终止位置。

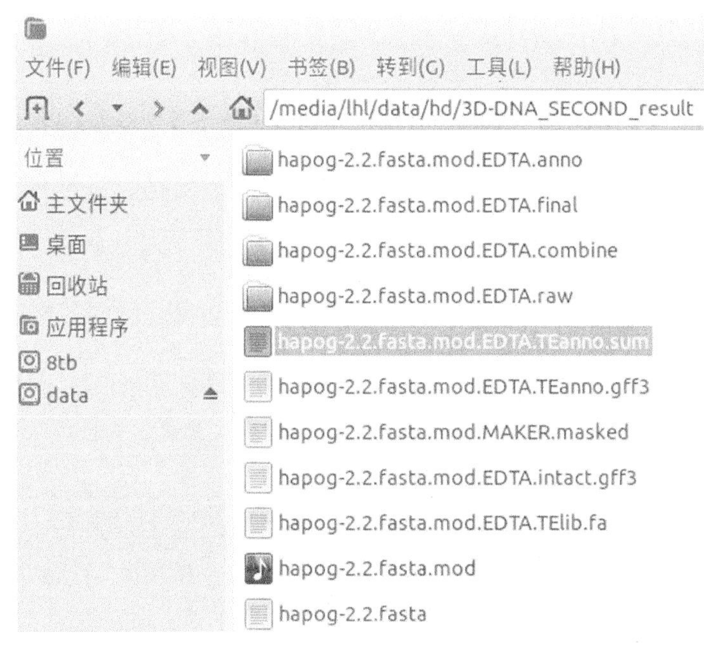


图 81　“EDTA”运行结果

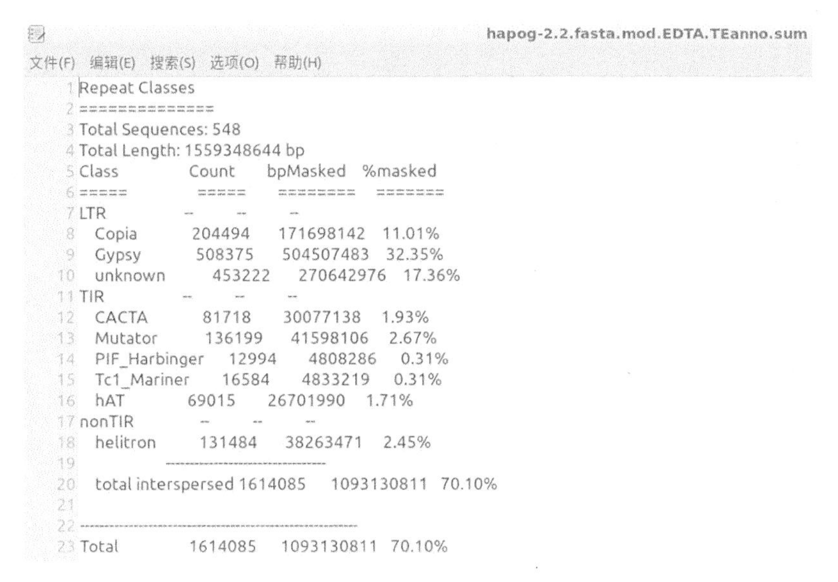

```
hapog-2.2.fasta.mod.EDTA.TEanno.sum
文件(F) 编辑(E) 搜索(S) 选项(O) 帮助(H)
1  Repeat Classes
2  ==============
3  Total Sequences: 548
4  Total Length: 1559348644 bp
5  Class            Count     bpMasked    %masked
6  =====            =====     ========    =======
7  LTR              --        --          --
8    Copia          204494    171698142   11.01%
9    Gypsy          508375    504507483   32.35%
10   unknown        453222    270642976   17.36%
11 TIR              --        --          --
12   CACTA          81718     30077138    1.93%
13   Mutator        136199    41598106    2.67%
14   PIF_Harbinger  12994     4808286     0.31%
15   Tc1_Mariner    16584     4833219     0.31%
16   hAT            69015     26701990    1.71%
17 nonTIR           --        --          --
18   helitron       131484    38263471    2.45%
19                  ---------------------------
20   total interspersed 1614085  1093130811  70.10%
21
22 ---------------------------------------------------
23 Total            1614085   1093130811  70.10%
```

图 82　“EDTA”运行结果中后缀名为“.sum”文件的部分内容

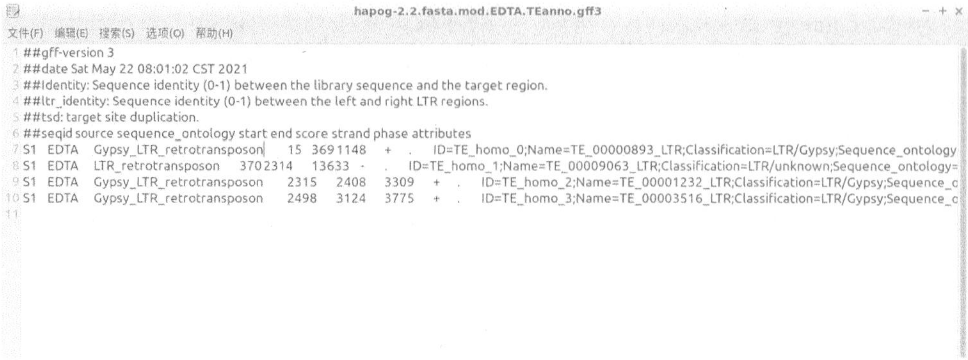

```
hapog-2.2.fasta.mod.EDTA.TEanno.gff3
文件(F) 编辑(E) 搜索(S) 选项(O) 帮助(H)
1 ##gff-version 3
2 ##date Sat May 22 08:01:02 CST 2021
3 ##Identity: Sequence identity (0-1) between the library sequence and the target region.
4 ##ltr_identity: Sequence identity (0-1) between the left and right LTR regions.
5 ##tsd: target site duplication.
6 ##seqid source sequence_ontology start end score strand phase attributes
7 S1   EDTA   Gypsy_LTR_retrotransposon   15   3691148   +   .   ID=TE_homo_0;Name=TE_00000893_LTR;Classification=LTR/Gypsy;Sequence_ontology
8 S1   EDTA   LTR_retrotransposon   3702314   13633   -   .   ID=TE_homo_1;Name=TE_00009063_LTR;Classification=LTR/unknown;Sequence_ontology=
9 S1   EDTA   Gypsy_LTR_retrotransposon   2315   2408   3309   +   .   ID=TE_homo_2;Name=TE_00001232_LTR;Classification=LTR/Gypsy;Sequence_c
10 S1   EDTA   Gypsy_LTR_retrotransposon   2498   3124   3775   +   .   ID=TE_homo_3;Name=TE_00003516_LTR;Classification=LTR/Gypsy;Sequence_c
11
```

图 83 “EDTA”运行结果中后缀名为“.TEanno.gff3”文件中的部分内容

另一个较好的重复序列查找程序是“Red”，下载地址是 http://toolsmith.ens.utulsa.edu/（图 84），解压，然后运行：

chmod 777 /home/lhl/Downloads/Red

更改“Red”文件属性，使得“Red”程序可执行，然后运行：

export PATH=/home/lhl/Downloads:$PATH

设置环境变量，使得“Red”可以在任意目录下执行。然后下载一个帮助执行“Red”命令的工具“redmask”程序（“https://github.com/nextgenusfs/ redmask”），下载后无须安装。然后运行：

cd /media/lhl/data/hd/3D-DNA_SECOND_result

进入基因组所在的目录，然后运行：

python2 /home/lhl/Downloads/redmask.py -i hapog-2.2.fasta -o hapog-2.2.red.masked.fasta

其中“-i”后面是基因组文件；“-o”后面是输出的文件，读者可以按照自己的要求命名。这里“python”用的是“python 2”这个版本，如果系统没有安装“python 2”，可用“conda”安装，方法如下：

conda create -n py27 python=2.7

建立一个以“py27”为名字的环境（先退出前面的环境），在其中安装“python 2.7”版本，然后执行：

```
conda activate py27
```

进入“py27”环境，再执行上面的“redmask.py”命令。“Red”运行完成后，可以把“Red”和“EDTA”运行的结果进行合并。运行：

```
cut -f 1,4,5 hapog-2.2.fasta.mod.EDTA.TEanno.gff3 >EDTA.temp.bed
```

将“EDTA”运行结果后后缀名为“.TEanno.gff3”文件中的第1、4和5列提取出来（图85），输出的文件名为“EDTA.temp.bed”，然后执行：

```
grep -v "#" EDTA.temp.bed >EDTA.bed
```

用“grep”命令把“EDTA.temp.bed”文件中不包含“#”的行提取出来（图85，图86），“-v”是反选的意思。然后运行：

```
cat EDTA.bed | awk '{print $1"\t"$2-1"\t"$3"\t"$4}' > EDTA.new.bed
```

将“EDTA.bed”文件中的第2列数据减去1（图86），生成新文件“EDTA.new.bed”，其中“\t”代表Tab键，即列与列之间用Tab键分开，然后运行：

```
cat EDTA.new.bed hapog-2.2.red.masked.fasta.repeats.bed >all.bed
```

将“EDTA”和“Red”结果（后缀名为“repeats.bed”的文件）进行合并，然后运行：

```
sort -k1,1 -k2,2n all.bed >all.sorted.bed
bedtools merge -i all.sorted.bed >combined.bed
```

将合并后的文件进行排序，然后再整合（merge）。这里要调用“bedtools”程序（如果没有用“conda”安装“bedtools”，需要提供“bedtools”所在目录的路径）。之所以要进行整合，是因为“EDTA”和“Red”的结果并非完全相同，各自找到的重复序列有相同位置的，也有位置重叠（overlap）但不完全相同的（如在某个染色体上，“EDTA”找到的区域是100~185bp，而“Red”找到的区域是120~187bp），用merge命令把它们进行合并。合并完成后，把合并的重复序列注释到基因组序列中，首先运行：

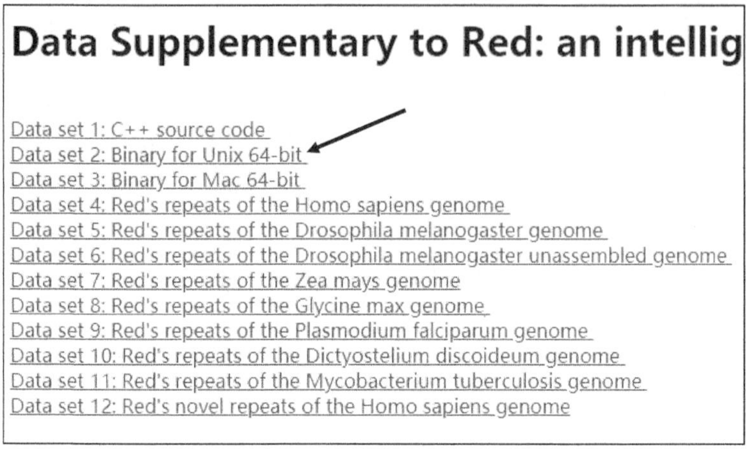

# Data Supplementary to Red: an intellig

Data set 1: C++ source code
Data set 2: Binary for Unix 64-bit
Data set 3: Binary for Mac 64-bit
Data set 4: Red's repeats of the Homo sapiens genome
Data set 5: Red's repeats of the Drosophila melanogaster genome
Data set 6: Red's repeats of the Drosophila melanogaster unassembled genome
Data set 7: Red's repeats of the Zea mays genome
Data set 8: Red's repeats of the Glycine max genome
Data set 9: Red's repeats of the Plasmodium falciparum genome
Data set 10: Red's repeats of the Dictyostelium discoideum genome
Data set 11: Red's repeats of the Mycobacterium tuberculosis genome
Data set 12: Red's novel repeats of the Homo sapiens genome

图 84 “Red”程序下载

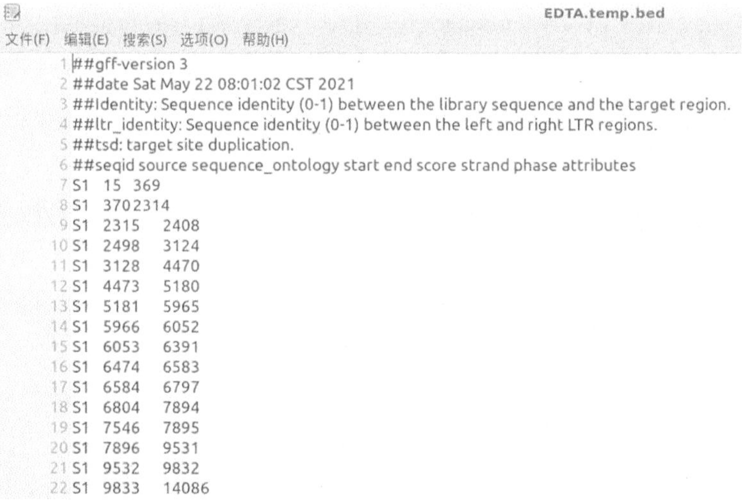

EDTA.temp.bed
文件(F) 编辑(E) 搜索(S) 选项(O) 帮助(H)

```
1 ##gff-version 3
2 ##date Sat May 22 08:01:02 CST 2021
3 ##Identity: Sequence identity (0-1) between the library sequence and the target region.
4 ##ltr_identity: Sequence identity (0-1) between the left and right LTR regions.
5 ##tsd: target site duplication.
6 ##seqid source sequence_ontology start end score strand phase attributes
7 S1	15	369
8 S1	370	2314
9 S1	2315	2408
10 S1	2498	3124
11 S1	3128	4470
12 S1	4473	5180
13 S1	5181	5965
14 S1	5966	6052
15 S1	6053	6391
16 S1	6474	6583
17 S1	6584	6797
18 S1	6804	7894
19 S1	7546	7895
20 S1	7896	9531
21 S1	9532	9832
22 S1	9833	14086
```

图 85 提取“EDTA”运行结果中后缀名为“TEanno.gff3”文件中的第 1、4 和 5 列

/home/lhl/Downloads/seqkit seq -u hapog-2.2.fasta >hapog-2.2.upper.fasta

利用“seqkit”程序把基因组文件中碱基字母全部变为大写字母，然后运行：

bedtools maskfasta -soft -fi hapog-2.2.upper.fasta -bed combined.bed -fo hapog-2.2.upper.soft.masked.fasta

再用“bedtools maskfasta”命令把基因组文件中重复序列所在区段的碱基字母变

为小写字母（图 87，图中分别用“head”命令和“tail”命令显示基因组的部分序列内容，小写字母表明它们是重复序列，大写字母表示它们不是重复序列），非重复序列保持大写字母状态。这个命令中“-soft”就是大小字母转化，“-fi”后面是执行上一步“seqkit seq -u”的结果文件，“-bed”是前面执行“bedtools merge”命令后生成的合并了重复序列信息的文件，“-fo”是输出的文件命令，读者可以按照自己的要求更改。

3D-DNA_SECOND_result
文件(F) 编辑(E) 视图(V) 书签(B) 转到(G) 工具(L) 帮助(H)
/media/lhl/data/hd/3D-DNA_SECOND_result
位置
主文件夹
桌面
回收站
应用程序
8tb
data
rna
hapog-2.2.fasta.mod.EDTA.anno
hapog-2.2.fasta.mod.EDTA.final
hapog-2.2.fasta.mod.EDTA.combine
hapog-2.2.fasta.mod.EDTA.raw
hapog-2.2.upper.soft.masked.fasta
combined.bed
all.sorted.bed
EDTA.new.bed
all.bed
EDTA.bed
EDTA.temp.bed
hapog-2.2.upper.fasta
hapog-2.2.red.masked.fasta.repeats.fasta
hapog-2.2.red.masked.fasta.softmasked.fa
hapog-2.2.red.masked.fasta.repeats.bed
redmask_3891.log
hapog-2.2.fasta.mod.EDTA.TEanno.sum
hapog-2.2.fasta.mod.EDTA.TEanno.gff3
hapog-2.fasta
HD-second_HiC-scaffold.gapclosing.fasta
second.final.hic
second.final.fasta
second.final.cprops
second.rawchrom.assembly
second.split.assembly
second.rawchrom.cprops
second.rawchrom.asm
merged_nodups.txt

EDTA.bed
文件(F) 编辑(E) 搜索(S) 选项(O) 帮助(H)

| | | | |
|---|---|---|---|
| 1 | S1 | 15 | 369 |
| 2 | S1 | 370 | 2314 |
| 3 | S1 | 2315 | 2408 |
| 4 | S1 | 2498 | 3124 |
| 5 | S1 | 3128 | 4470 |
| 6 | S1 | 4473 | 5180 |
| 7 | S1 | 5181 | 5965 |
| 8 | S1 | 5966 | 6052 |
| 9 | S1 | 6053 | 6391 |
| 10 | S1 | 6474 | 6583 |
| 11 | S1 | 6584 | 6797 |

EDTA.new.bed
文件(F) 编辑(E) 搜索(S) 选项(O) 帮助(H)

| | | | |
|---|---|---|---|
| 1 | S1 | 14 | 369 |
| 2 | S1 | 369 | 2314 |
| 3 | S1 | 2314 | 2408 |
| 4 | S1 | 2497 | 3124 |
| 5 | S1 | 3127 | 4470 |
| 6 | S1 | 4472 | 5180 |
| 7 | S1 | 5180 | 5965 |
| 8 | S1 | 5965 | 6052 |
| 9 | S1 | 6052 | 6391 |
| 10 | S1 | 6473 | 6583 |
| 11 | S1 | 6583 | 6797 |

图 86　整理“EDTA”重复序列信息

```
(base) lhl@lhl-Z10PA-D8-Series:/media/lhl/data/hd/3D-DNA_SECOND_result$ head hapog-2.2.upper.soft.masked.fasta
>S1
atgggaagctagcttgttatagaagatttaatcctaacccttgatgcatttgatggcttg
gatgaagccaaaccatccacctcctttgaccattgaagctacggccaagaggcctttggg
agaccaaaattacacttcacttcatcacttttctctcttctctttcttccaaaaaccсta
gccaccattgttgcccattttccctaccattcgccaagacacaaaccacaccatacaatc
actcaaaatttttctaaccaagtttccttaatctaaacaccattctaagaacctttctag
ttggaagtttcttcaaaatcatccattaagagcttgaaactaaccttgaaagttttacct
agaaggtgaaatttcatgtctttcttttctctcttcattttgaaattctagaccatgatt
tctccatggtttagcttgtttttcatggttaataacatgtaagttttgtttgagatttct
aggtaattttttgaaggagaaacttgaaccctaggaggagtgaaagcataacatttgtctt
(base) lhl@lhl-Z10PA-D8-Series:/media/lhl/data/hd/3D-DNA_SECOND_result$ tail hapog-2.2.upper.soft.masked.fasta
GCGTACAGCGCCAGCCCGAGCCCCCAACAACGTGGCTCGAGCTTAGTTTTAAGCTTCTTC
GTAACTGAGTTTTGGGCGGCCGTATGGAGGTCGAGGAAGCTTGCAATCGAAGATTACTGT
CTGCAATCGCTGCGGCACAGCAGAAGACCTTCCTGTCGGCAAGTTGACCATGTGTCGCAA
GTGAGGATCTTCACAGGCACATTAAATGTCTACTGATTGAACAATCCCGAACCTTCAGCA
CCGTGAATTTCGGATGCGTGACATAATACTAATGCCATTTTGTTACTGTCACACGGCGCA
GCATTTGACTTCAGACTTGAGTGCCAGTGGTGGATTCGGCTTGCCAAGCTTGCCGCGCCT
ATCGACGACAGGCCTGAGAAATGTATGCCAATTGCTAATAAGCCATGCAACATAGTCTAC
ACAAGTAGCCAAAATTCCTCGTTCTTTCTGGGTAAGTAGACTGCGTGGTAACTTGAGCGG
TGCTCAGCATGGAATAACCAACTGGTGAAAGTCGATCGAGATCGAGAAGTTCACTTTCAG
ATACGCCGTAACCGGCAGAGCCGCAGACGATCCTCAACC
(base) lhl@lhl-Z10PA-D8-Series:/media/lhl/data/hd/3D-DNA_SECOND_result$
```

图 87　用小写字母屏蔽重复序列

# 第六章　基 因 预 测

本章介绍使用“funannoate”程序进行基因预测，程序下载地址是 https://github.com/nextgenusfs/funannotate，程序使用说明地址是 https://funannotate.readthedocs.io/en/latest/install.html。它整合了多种基因预测程序，一次运行多个程序，命令简单，避免了安装不同基因预测程序以及在它们之间切换的麻烦。安装方法如下：

```
conda deactivate
conda install -n base mamba
```

退出前一个“conda”环境。安装“mamba”程序，然后运行：

```
mamba create -n funannotate-new funannotate
```

创建一个以“funannotate-new”为名字的环境，并安装“funannotate”程序。这里“funannotate-new”是我取的环境名字，读者可以更改为其他名字。之后运行：

```
conda activate funannotate-new
```

安装完成后，进入“funannotate-new”环境，安装一些依赖程序和数据库，首先安装“eggnog-mapper”程序（https://github.com/eggnogdb/eggnog-mapper/releases/tag/2.1.3），下载解压后运行：

```
cd /home/lhl/Downloads/eggnog-mapper-2.1.3
python setup.py install
```

进入“eggnog-mapper”下载地址，安装，然后运行：

```
./download_eggnog_data.py
```

下载“eggnog-mapper”数据库。如果下载不成功，也可以直接到“eggnog-mapper”所在的网站（http://eggnog5.embl.de/download/emapperdb-5.0.2/）进行下载，下载后，拷贝到“eggnog-mapper”目录下的“data”目录下，解压缩即可，然后运行：

mkdir /media/lhl/data/funannotate_db

建立一个“funannotate_db”目录，安装另一个数据库。“mkdir”是建立目录的命令，即在“/media/lhl/data/”目录下建立“funannotate_db”目录。读者可以选择自己的“funannotate_db”安装目录。之后运行：

funannotate setup -d /media/lhl/data/funannotate_db -b all

其中“-d”后面就是上一步创建的用于安装注释数据库的目录。如果这一步没有报错，就继续下一步“Genemark”程序安装。如果报错，提示“/home/lhl/anaconda3/envs/funannotate-new/lib/python3.9/site-pachages/funannotate”下的“setupDB.py”文件的第 436 行有问题（图 88），则找到这个文件，把 436 行的“for x in elem.getchildren()”改为“for x in list(elem)”（图 89），然后重新运行：

funannotate setup -d /media/lhl/data/funannotate_db -b all

数据库设置完成后，下载“Genemark”程序，下载地址是 http://topaz.gatech.edu/Genemark/license_download.cgi（图 90，图 91）。填写个人信息后，点击“I agree to the terms of this license agreement”，下载程序和密钥（名字为“gm _key_64”）后，解压缩，然后运行：

cd /home/psdz/Downloads/gmes_linux_64

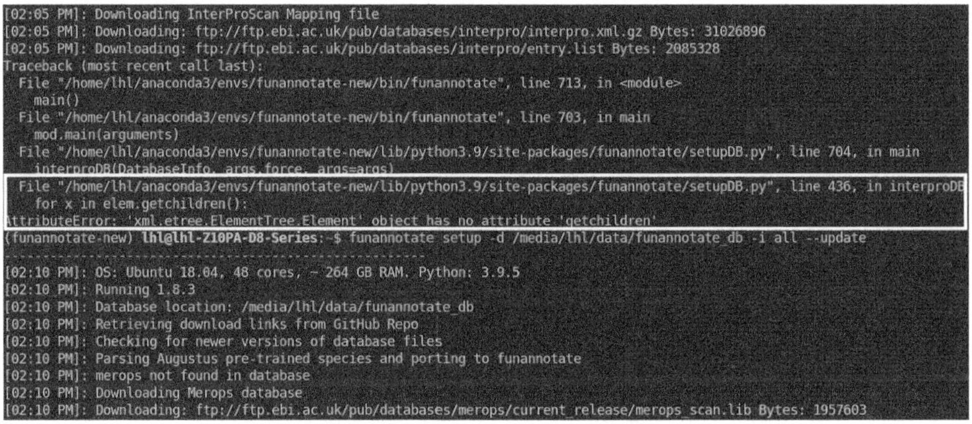

```
[02:05 PM]: Downloading InterProScan Mapping file
[02:05 PM]: Downloading: ftp://ftp.ebi.ac.uk/pub/databases/interpro/interpro.xml.gz Bytes: 31026896
[02:05 PM]: Downloading: ftp://ftp.ebi.ac.uk/pub/databases/interpro/entry.list Bytes: 2085328
Traceback (most recent call last):
  File "/home/lhl/anaconda3/envs/funannotate-new/bin/funannotate", line 713, in <module>
    main()
  File "/home/lhl/anaconda3/envs/funannotate-new/bin/funannotate", line 703, in main
    mod.main(arguments)
  File "/home/lhl/anaconda3/envs/funannotate-new/lib/python3.9/site-packages/funannotate/setupDB.py", line 704, in main
    interproDB(DatabaseInfo, args.force, args=args)
  File "/home/lhl/anaconda3/envs/funannotate-new/lib/python3.9/site-packages/funannotate/setupDB.py", line 436, in interproDB
    for x in elem.getchildren():
AttributeError: 'xml.etree.ElementTree.Element' object has no attribute 'getchildren'
(funannotate-new) lhl@lhl-Z10PA-D8-Series:~$ funannotate setup -d /media/lhl/data/funannotate_db -i all --update
-------------------------------------------------------
[02:10 PM]: OS: Ubuntu 18.04, 48 cores, ~ 264 GB RAM. Python: 3.9.5
[02:10 PM]: Running 1.8.3
[02:10 PM]: Database location: /media/lhl/data/funannotate_db
[02:10 PM]: Retrieving download links from GitHub Repo
[02:10 PM]: Checking for newer versions of database files
[02:10 PM]: Parsing Augustus pre-trained species and porting to funannotate
[02:10 PM]: merops not found in database
[02:10 PM]: Downloading Merops database
[02:10 PM]: Downloading: ftp://ftp.ebi.ac.uk/pub/databases/merops/current_release/merops_scan.lib Bytes: 1957603
```

图 88　“funannotate setup”运行中出错信息—1

setupDB.py

文件(F) 编辑(E) 搜索(S) 选项(O) 帮助(H)

```
415        if check4newDB('interpro', info):
416            force = True
417    if not os.path.isfile(iprXML) or force:
418        lib.log.info('Downloading InterProScan Mapping file')
419        for x in [iprXML, iprTSV, iprXML+'.gz']:
420            if os.path.isfile(x):
421                os.remove(x)
422        if args.wget:
423            wget(DBURL.get('interpro'), iprXML+'.gz')
424            wget(DBURL.get('interpro-tsv'), iprTSV)
425        else:
426            download(DBURL.get('interpro'), iprXML+'.gz')
427            download(DBURL.get('interpro-tsv'), iprTSV)
428        md5 = calcmd5(iprXML+'.gz')
429        subprocess.call(['gunzip', '-f', 'interpro.xml.gz'],
430                        cwd=os.path.join(FUNDB))
431        num_records = ''
432        version = ''
433        iprdate = ''
434        for event, elem in cElementTree.iterparse(iprXML):
435            if elem.tag == 'release':
436                for x in elem.getchildren():
437                    if x.attrib['dbname'] == 'INTERPRO':
438                        num_records = int(x.attrib['entry_count'])
439                        version = x.attrib['version']
440                        iprdate = x.attrib['file_date']
441        try:
442            iprdate = datetime.datetime.strptime(
```

图 89 “funannotate setup”运行中出错信息—2

topaz.gatech.edu/GeneMark/license_download.cgi

| Software* | Operating system* |
| --- | --- |
| GeneMarkS-2 version 1.14_1.25_lic | LINUX 32<br>LINUX 64<br>Mac OS X |
| GeneMark-ES/ET/EP ver 4.65_lic | LINUX 64 |
| GeneMarkS v.4.30 | LINUX 32<br>LINUX 64<br>Mac OS X |
| GeneMark.hmm eukaryotic | LINUX 32<br>LINUX 64<br>Mac OS X |
| MetaGeneMark v.3.38 | LINUX 32<br>LINUX 64<br>Mac OS X |
| ParseRNAseq | LINUX 64 |
| GeneTack | LINUX 64 |
| MetaGeneTack | UNIX |
| GeneMarkS-T | LINUX 64 |

图 90 “Genemark”程序下载—1

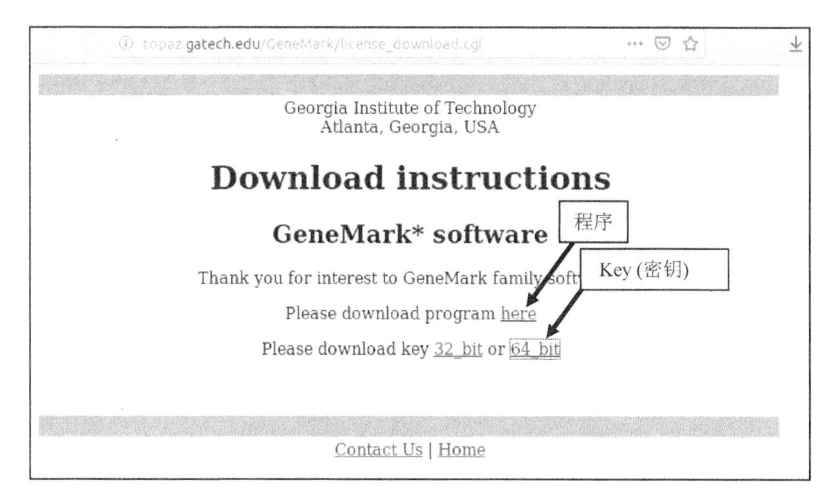


图 91 “Genemark”程序下载—2

进入“gmes_linux_64”目录，然后运行：

```
cp gm_key_64 ~/.gm_key
```

把下载的密钥文件拷贝到根目录下，其中“~/.gm_key”是固定格式，不要改动。之后运行：

```
./gmes_petap.pl
```

如果报错，提示缺少“MCE::Mutes”程序，就需要安装“MCE::Mutes”，运行：

```
sudo cpan MCE::Mutex
```

其他如果还提示缺少“YAML”等，则同样运行：

```
sudo cpan install YAML
sudo cpan install Parallel::ForkManager
sudo cpan install Logger::Simple
sudo cpan install Hash::Merge
```

之后运行：

```
./gmes_petap.pl
```

如果没有报错，就说明安装成功了。之后下载“SignalP”（https://services.healthtech.dtu.dk/services/SignalP-4.1/，图 92）。程序需注册后下载。下载后执行“chmod 777”命令，使得“signalp”程序文件属性为可执行（“signalp”文件在“SignalP”程序的“bin”目录下），然后设置环境变量（读者的和我的会不同）：

```
export PATH=/home/lhl/Downloads/signalp-5.0b/bin:$PATH
export PATH=/media/lhl/8tb/software/gmes_linux_64:$PATH
export PATH=/home/lhl/Downloads/eggnog-mapper-2.1.3
export GENEMARK_PATH=/media/lhl/8tb/software/gmes_linux_64
export FUNANNOTATE_DB=/media/lhl/data/funannotate_db
```

这里后两个环境变量中“export”后面分别是“GENEMARK_PATH”和“FUNANNOTATE_DB”，不要更改，然后运行：

```
funannotate check --show-versions
```

查看是否所有的外部安装程序已安装。如果出现提示“Bio::perl”没有安装，则下载“bioperl”程序（https://github.com/bioperl/bioperl-live/releases/tag/release- 1-7-2），解压后，进入“bioperl-live-release-1-7-2”目录，然后运行：

```
perl Build.PL
```

之后再运行“funannotate check --show-versions”，提示安装成功。

所有的依赖文件安装完成后，在运行前，还需要修改程序文件“funannotate-p2g.py”中的一个潜在问题。以我安装的“funannoate”为例，这个文件所在的目录位置是“/home/lhl/anaconda3/envs/funannotate-new/lib/python3.9/site-packages/funannotate/aux_scripts”，其中最前面的“/home/lhl/anaconda3/envs/funannotate-new”目录读者的和我的会不同，后面大致一样。读者需要找到安装“conda”的目录，然后依次进入“envs”及其后面的目录，其中“python 3.9”目录，读者的也可能是“python 3.8”，请按照自己安装的实际情况选择，最后在“aux_scripts”目录下找到“funannotate-p2g.py”文件，用文本编辑器打开这个文件，找到第 93 行，“if lib.getDiamondVersion() >= '2.0.5':”或“if lib.getDiamond Version() >= '2.0.7':”这个语句，把其中的版本号改为“dimond”程序实际使用的版本号。“diamond”版本号用如下命令查看：

```
diamond -version
```

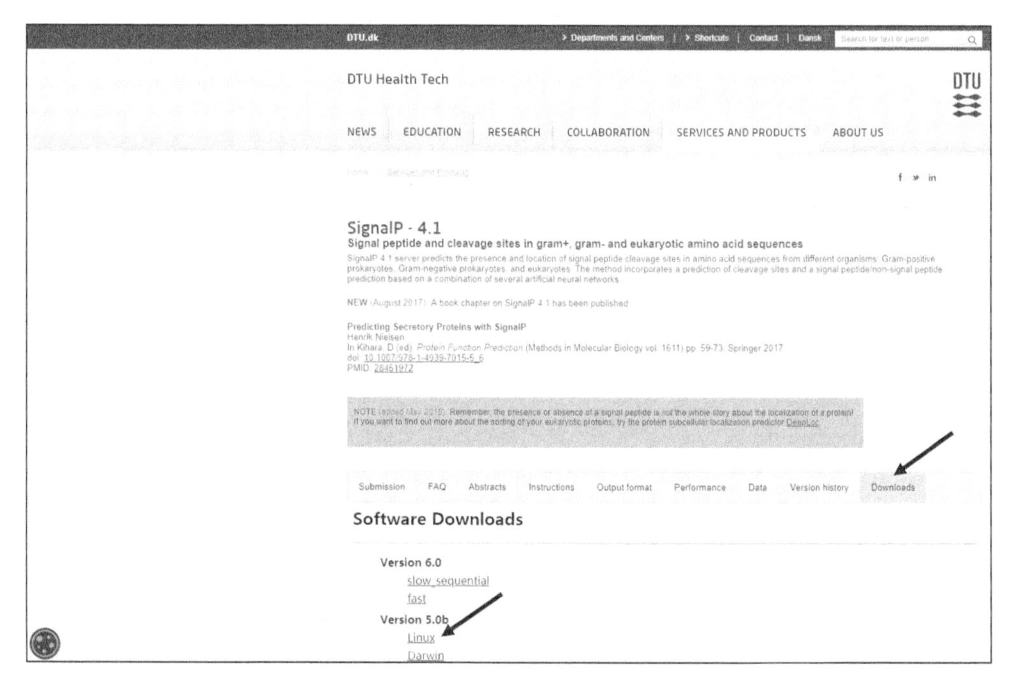


图 92 “SignalP”下载

我的版本号为“2.0.11”，因此把上述命令改为“if lib.getDiamondVersion() >= '2.0.11':”。需要注意的是“funannotate”官网对于这个文件已经进行了修改，可参见“https://github.com/nextgenusfs/funannotate/blob/master/funannotate/aux_scripts/funannotate-p2g.py”，读者也可以把这个文件下载下来，覆盖原有的文件。修改完成后，可以运行演示数据，查看程序是否运行正常。命令如下：

```
funannotate test -t all --cpus 96
```

其中“--cpus”后面是计算机线程数，读者可按照自己的计算机进行配置。

“funannotate”安装好后，对于组装的基因组，首先对它进行基因预测训练（training），需要用到 RNA 测序（RNA-seq）数据。通过二代和三代 Nanopore 平台测得的 RNA-seq 数据可以直接使用，但 PacBio 测得的 RNA-seq 数据为“HiFi”模式，要先进行纠错、聚类等处理后再使用。步骤如下：

```
cd /media/lhl/data/hd/3D-DNA_SECOND_result/rna/r64114_20200723_061405RNA
```

进入 PacBio 转录组测序数据所在的目录，然后执行：

```
/home/lhl/Downloads/ccs P02TYR20249454-1-1_r64114_20200723_061405_3_E02.subreads.bam rna_ccs.bam --min-rq 0.9 -j 48
```

利用第四章第二节介绍的“CCS”程序对测得的 PacBio RNA-seq 数据进行纠错。其中“P02TYR20249454-1-1_r64114_20200723_061405_3_E02.subreads.bam”为原始测序数据；“rna_ccs.bam”为结果文件名；“--min-rq 0.9”是结果中需要保证的质量要求；“-j”后面是计算机线程数。运行完成后，安装“lima”程序，用“lima”进行接头的过滤以及不同测序样品的拆分(如果是不同样品混在一起测定)。运行：

```
conda deactivate
conda create -n lima lima
```

用“conda”创建一个“lima”环境，然后运行：

```
conda activate lima
```

进入“lima”环境，然后运行：

```
lima rna_ccs.bam P02TYR20249454-1-1_r64114_20200723_061405_3_E02.primer.fasta movieX.fl.bam --isoseq --peek-guess
```

其中“rna_ccs.bam”是上一步运行“CCS”程序生成的结果；“P02TYR20249454-1-1_r64114_20200723_061405_3_E02.primer.fasta”是接头序列文件（测序公司应该提供）；“movieX.fl.bam”是结果文件名；“--isoseq --peek-guess”不用调整。之后安装“isoseq3”：

```
conda deactivate
conda activate funannotate-new
mamba install isoseq3
isoseq3 refine movieX.fl.primer_5p--BC1019_3p.bam P02TYR20249454-1-1_r64114_20200723_061405_3_E02.primer.fasta movieX.flnc.bam
```

利用“isoseq3”进行数据优化(过滤)，其中“movieX.fl.primer_5p--BC1019_3p.bam”是上一步用“lima”程序运行后生成的结果文件（“primer_5p--BC1019_3p”对应的 5'端和 3'端接头序列名称，读者的可能和我的不同。如果是混合样，会得到不同的拆分结果，需要逐个进行分析）；“P02TYR20249454-1-1_r64114_20200723_

061405_3_E02.primer.fasta”是接头序列文件；“movieX.flnc.bam”是结果文件名（读者可按照自己的要求更改）。之后运行：

```
isoseq3 cluster movieX.flnc.bam clustered.bam --verbose --use-qvs -j 48
```

对上一步得到的结果，利用“isoseq3”进行聚类，生成全长转录组。其中“clustered.bam”是输出的结果；“--verbose”是指运算过程显示在屏幕上；“--use-qvs”是采用的聚类方法；“-j”后面是计算机线程数。之后运行：

```
isoseq3 polish clustered.hq.bam P02TYR20249454-1-1_r64114_20200723_061405_3_E02.subreads.bam polished.hd.bam -j 48
```

这一步是对全长转录组结果进行纠错。其中“clustered.hq.bam”是上一步生成的一个结果文件，“hq”代表“high quality”；“P02TYR20249454-1-1_r64114_20200723_061405_3_E02.subreads.bam”是原始 PacBio RNA-seq 测序数据；“polished.hd.bam”为结果文件名；“-j”后面是计算机线程数。命令运行结束后，除了生成“polished.hd.bam”结果文件，还会生成一个后缀名为“.hq.fastq.gz”的文件，如我的是“polished.hd.hq.fastq.gz”，这是下一步需要用到的转录组文件。

数据准备齐后就可以进行基因预测，运行：

```
funannotate train -i hapog-2.2.upper.soft.masked.fasta -o HD-annotation --left /media/lhl/data/hd/3D-DNA_SECOND_result/rna/BLHD_R1.fq.gz --right /media/lhl/data/hd/3D-DNA_SECOND_result/rna/BLHD_R2.fq.gz --stranded RF --pacbio_isoseq /media/lhl/data/hd/3D-DNA_SECOND_result/rna/r64114_20200723_061405_RNA/polished.hd.hq.fastq.gz --species "An intersting" --max_intronlen 100000 --cpus 48
```

其中“-i”后面的“hapog-2.2.upper.soft.masked.fasta”是 Hi-C 组装的基因组文件（注意：其中重复序列区段已转换为小写字母）；“-o”后面是结果名称（实际是生成一个目录，我的这个例子就是生成以“HD-annotation”为名的目录。所有的结果，包括接下来几个命令的结果，都被保存在这个目录下。读者可根据自己的要求更改名称）；“--left”和“--right”后面分别是二代转录组正反测序结果（注意一定是“以“.gz”为后缀名的压缩文件）；“--stranded RF”是指转录组测序方向；“--pacbio_isoseq”后面是利用 PacBio 平台测得的转录组数据，即上面用“isoseq3”得到的结果；“--species”后面可以写研究物种的拉丁名；“--max_intronlen”后面是最大内含子的长度（读者可根据自己的研究物种设定）；“--cpus”后面是计算机线程数。如果“funannotate train”这一步执行后出现报错，提示如“DBD::SQLite::st”、

“Error, 9 threads failded”等，程序终止了，就把上面“funannotate train”这个命令重新执行一遍就可以了。“funannotate train”运行结束后，执行下面的命令：

funannotate predict -i hapog-2.2.upper.soft.masked.fasta -o HD-annotation -s "An intersting" --cpus 48 --name AI --busco_db embryophyta --protein_evidence all.refer.faa --max_intronlen 100000 --genemark_mode ET --organism other --repeats2evm

其中“-o”后面的名字要和上一步“funannotate train”中的一样；“--name”后面是给预测的基因起的前缀名；“--busco_db 后面是研究物种类型（图 93）；“ all.refer.faa”是近缘物种的蛋白质序列，读者可以到 GenBank 或其他网站下载，一个或几个物种的都可以（几个不同物种的就用“cat”命令合并成一个文件）；“--genemark_mode ET”是指利用“genemark”程序进行基因预测；“--organism other”是指物种不属于真菌（因为“funannotate”用于预测真菌基因）；“--repeats2evm”是减少重复序列对基因预测的影响。之后运行：

funannotate update -i HD-annotation --cpus 48 --species "An interesting"

完成基因预测，所有结果被保存在了“HD-annotation”目录下。

```
$ funannotate database --show_buscos
-----------------------------
BUSCO DB tree: (# of models)
-----------------------------
eukaryota (303)
        metazoa (978)
                nematoda (982)
                arthropoda (1066)
                        insecta (1658)
                        endopterygota (2442)
                        hymenoptera (4415)
                        diptera (2799)
                vertebrata (2586)
                        actinopterygii (4584)
                        tetrapoda (3950)
                        aves (4915)
                        mammalia (4104)
                euarchontoglires (6192)
                        laurasiatheria (6253)
        fungi (290)
                dikarya (1312)
                        ascomycota (1315)
                                pezizomycotina (3156)
                                        eurotiomycetes (4046)
                                        sordariomycetes (3725)
                                        saccharomycetes (1759)
                                                saccharomycetales (1711)
                        basidiomycota (1335)
                microsporidia (518)
        embryophyta (1440)
        protists (215)
                alveolata_stramenophiles (234)
```

图 93 “funannotate”调用“busco”时对应的物种类型

之后进行基因注释。首先下载“InterProscan”程序（https://www.ebi.ac.uk/interpro/download/，图 94），下载后解压缩，然后运行：

cd /home/lhl/Downloads/interproscan-5.52-86.0

进入“InterProscan”目录，然后运行：

python3 initial_setup.py

安装“InterProscan”。安装完毕就可以利用“InterProscan”程序进行注释，命令如下：

funannotate iprscan -i /media/lhl/data/hd/3D-DNA_SECOND_result/HD-annotation -m local --cpus 48 --iprscan_path /home/lhl/Downloads/interproscan-5.52-86.0/interproscan.sh

其中“-i”后面是上一步基因预测结果所在的目录；“-m local”是指在本地进行基因注释，不是联网上传数据后进行注释；“--iprscan_path”后面是“InterProscan”安装的地址。这一步运行结束后生成的结果文件为“iprscan.xml”，在本例中，它被保存在“/media/lhl/data/hd/3D-DNA_SECOND_result/HD-annotation”目录下的“annotate_misc”目录中，建议拷贝到别处，如我拷贝到上一级目录，即“/media/lhl/data/hd/3D-DNA_SECOND_result/HD-annotation”下，然后运行：

funannotate annotate -i HD-annotation --cpus 48 --iprscan iprscan.xml

完成最后的注释。最后生成的结果在“HD-annotation”目录下的“annotate_results”目录中。

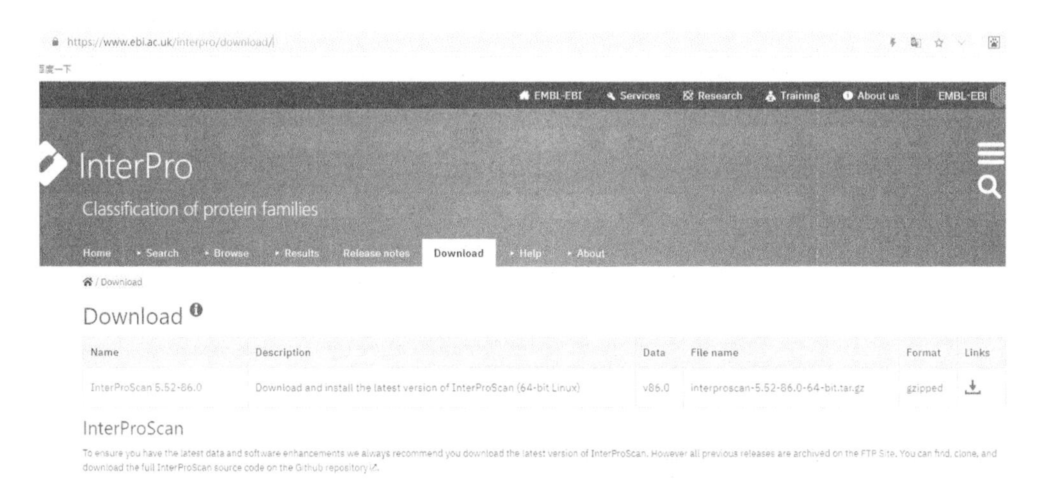


图 94 “InterProscan”程序下载

# 第七章　基因家族扩张和收缩

基因家族是近（远）缘物种中同源基因形成的基因群。为比较同源性，首先需要有这些物种的基因序列，这里用到的是蛋白质序列。在上一章中，通过“funannotate”基因预测，可以得到所研究物种的蛋白质序列，即在“update_results”目录下后缀名为“.proteins.fa”的文件。而其他物种的蛋白质序列可以到 GenBank 等网站下载，如图 95~图 97 所示，然后把需要研究的物种蛋白质序列统一放在一个文件下备用。

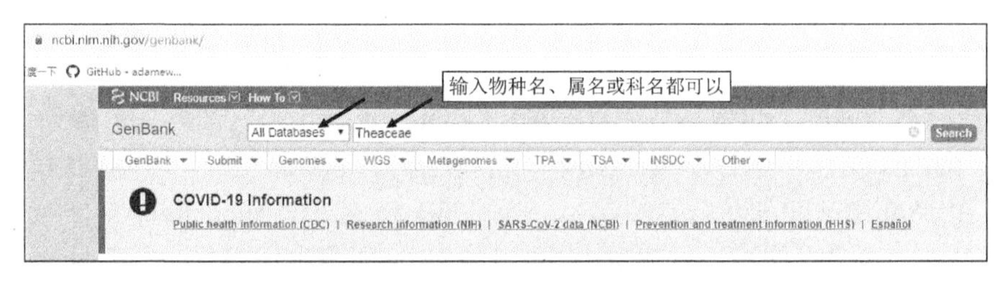


图 95　从 GenBank 查找物种—1

| Genomes | | Clinical | | PubChem | |
|---|---|---|---|---|---|
| Assembly | 3 | ClinicalTrials.gov | 0 | BioAssays | 0 |
| BioCollections | 0 | ClinVar | 0 | Compounds | 0 |
| BioProject | 585 | dbGaP | 0 | Pathways | 0 |
| BioSample | 6,487 | dbSNP | 0 | Substances | 1 |
| Genome | 1 | dbVar | 0 | | |
| Nucleotide | 624,024 | GTR | 0 | | |
| SRA | 4,947 | MedGen | 0 | | |
| Taxonomy | 1 | OMIM | 0 | | |

图 96　从 GenBank 查找物种—2

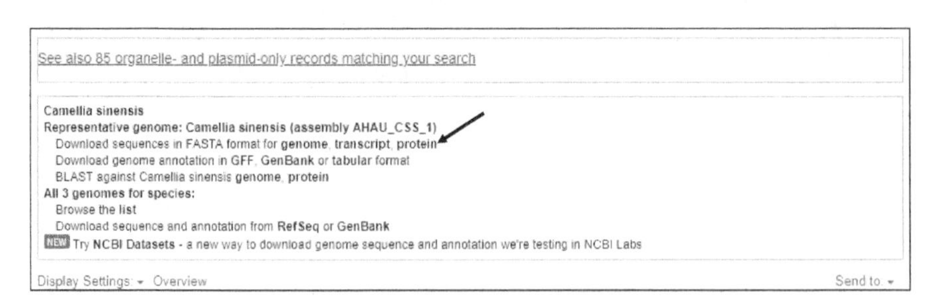


图 97　从 GenBank 查找物种—3

之后，下载基因家族分组程序“OrthoFinder”（https://github.com/davidemms/OrthoFinder/releases/tag/2.5.4），下载解压缩后可以直接使用。为加快基因家族分析速度，在建系统发育树的过程中，可以利用“FastTree”程序，下载地址是http://www.microbesonline.org/fasttree/#Install（图 98）。例如，我下载到计算机的“/home/lhl/Downloads”目录下，然后运行：

```
sudo chmod 777 /home/lhl/Downloads/FastTree
```

改变“FastTree”命令文件属性，使其可执行。再安装“muscle”程序，这个程序可以用“conda install -c bioconda muscle”命令进行安装，也可以用“sudo apt-get install muscle”命令进行安装。然后开始基因家族分析：

```
cd /home/lhl/Downloads/OrthoFinder
```

进入“OrthoFinder”所在的目录，然后运行：

```
export PATH=/home/lhl/Downloads/OrthoFinder/bin:$PATH
```

设置环境变量，提供“OrthoFinder”程序需要调用的“diamond”和“mcl”两个程序所在的位置。这两个命令在“OrthoFinder”的下载文件中。之后运行：

```
export PATH=/home/lhl/Downloads:$PATH
```

提供“FastTree”程序的位置，然后运行：

```
./orthofinder -f /media/lhl/8tb/HDD/genefamily_new -t 48 -a 48 -M msa -T fasttree -o /media/lhl/8tb/HDD/gene_family_result
```

其中“genefamily_new”是需要研究的物种和用于比较的物种蛋白质序列所在的文件夹，后面两个“48”是计算机的线程数；“-T fasttree”是指分析中利用“FastTree”进行系统发育树构建；“-o”后面是结果存放的地址（目录名）。

程序运行中会出现一个关于单拷贝基因的信息（图 99），读者可以记录下来，它是提示使用“OrthoFinder”进行系统发育树构建时所用的单拷贝基因的数量。

运行结束后，结果文件存放在了指定目录下，其中有 3 个目录比较重要（图 100），“Comparative_Genomics_Statistics”目录下是基因家族在各物种中分布状况的统计文件，“Species_Tree”目录下是物种系统发育树结果文件，“Orthogroups”目录下是每个基因家族中的基因组成文件。

图 98 “FastTree”程序下载

```
Analysing Orthogroups
=====================
2021-07-20 14:23:31 : Starting MSA/Trees
Species tree: Using 178 orthogroups with minimum of 76.2% of species having single-copy genes in any orthogroup
```

图 99 “OrthoFinder”运行中出现的信息

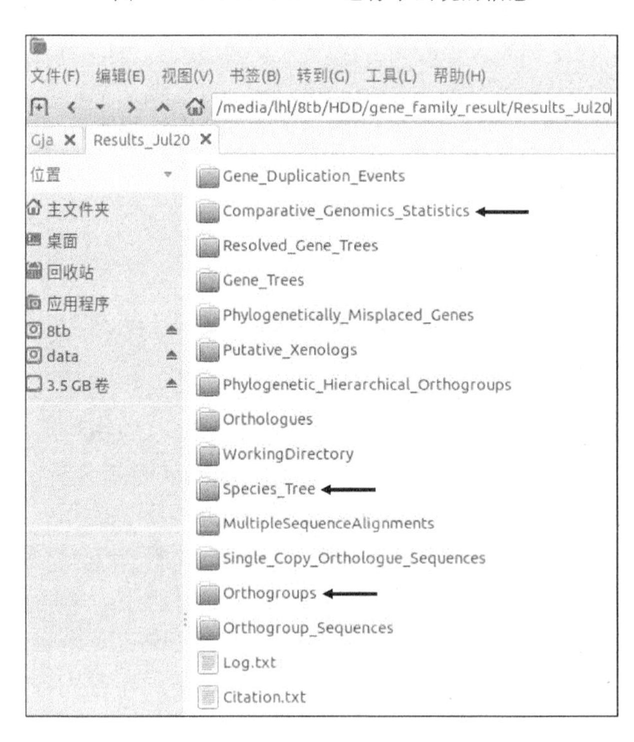


图 100 “OrthoFinder”运行结果

有了基因家族和物种系统发育树，就可以开展其扩张和收缩分析。然而由于“OrthoFinder”得到的系统发育树没有时间尺度（物种分化时间），因此先要计算物种分化时间，这可以用“treePL”程序进行分析。安装如下：

```
conda create -n treePL
```

建立一个以“treePL”为名字的环境，然后运行：

```
conda activate treePL
```

进入“treePL”环境，然后运行：

```
conda install -c conda-forge nlopt
```

安装依赖程序，然后运行：

```
conda install -c genomedk treepl
```

安装“treePL”程序，然后运行：

```
cd /media/lhl/8tb/HDD/genefamily_new /Species_Tree
```

进入“OrthoFinder”运算结果中的“Species_Tree”目录。进入这个目录后，创建一个“configfile-1”配置文件（读者可以根据自己的要求命名），内容如图 101 所示。其中“numsites”为构建系统树所用的序列长度，这个长度要参考“SpeciesTreeAlignment.fa”这个文件，它在“Orthofind”运行后生成的“MultipleSequenceAlignments”目录下（图 100）。找到“SpeciesTreeAlignment.fa”文件后，可以用“seqkit”程序中的“stats”命令查看序列长度（图 102），然后把这个长度写在“configfile-1”文件中。物种对（species pair）是读者按照系统发育树中的物种自己选择的，而它们之间的分化时间可从 http://timetree.org/网站获得（图 103，图 104）。

准备好配置文件后，就可以运行“treePL”，命令如下：

```
/media/w/data/conda3/envs/treePL/treePL configfile-1
```

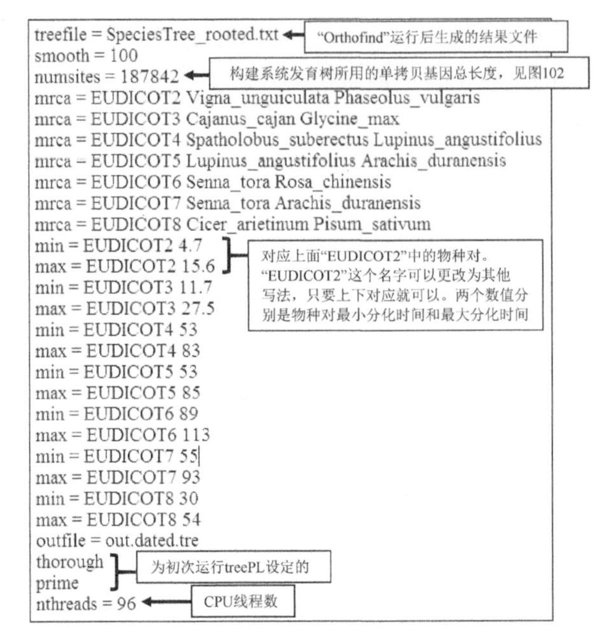

```
treefile = SpeciesTree_rooted.txt
smooth = 100
numsites = 187842
mrca = EUDICOT2 Vigna_unguiculata Phaseolus_vulgaris
mrca = EUDICOT3 Cajanus_cajan Glycine_max
mrca = EUDICOT4 Spatholobus_suberectus Lupinus_angustifolius
mrca = EUDICOT5 Lupinus_angustifolius Arachis_duranensis
mrca = EUDICOT6 Senna_tora Rosa_chinensis
mrca = EUDICOT7 Senna_tora Arachis_duranensis
mrca = EUDICOT8 Cicer_arietinum Pisum_sativum
min = EUDICOT2 4.7
max = EUDICOT2 15.6
min = EUDICOT3 11.7
max = EUDICOT3 27.5
min = EUDICOT4 53
max = EUDICOT4 83
min = EUDICOT5 53
max = EUDICOT5 85
min = EUDICOT6 89
max = EUDICOT6 113
min = EUDICOT7 55
max = EUDICOT7 93
min = EUDICOT8 30
max = EUDICOT8 54
outfile = out.dated.tre
thorough
prime
nthreads = 96
```



图 101　设置"treePL"的配置文件

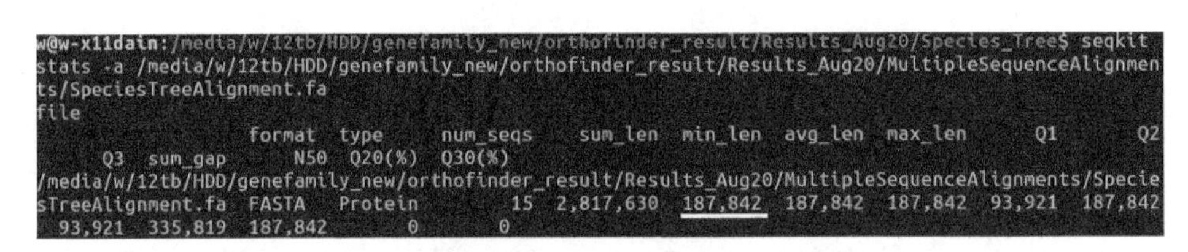

```
w@w-x11dain:/media/w/12tb/HDD/genefamily_new/orthofinder_result/Results_Aug20/Species_Tree$ seqkit stats -a /media/w/12tb/HDD/genefamily_new/orthofinder_result/Results_Aug20/MultipleSequenceAlignments/SpeciesTreeAlignment.fa
file                format  type     num_seqs   sum_len  min_len  avg_len  max_len      Q1      Q2      Q3  sum_gap      N50  Q20(%)  Q30(%)
/media/w/12tb/HDD/genefamily_new/orthofinder_result/Results_Aug20/MultipleSequenceAlignments/SpeciesTreeAlignment.fa  FASTA  Protein  15  2,817,630  187,842  187,842  187,842  93,921  187,842  93,921  335,819  187,842  0  0
```

图 102　用于构建系统发育树的单拷贝基因总长度

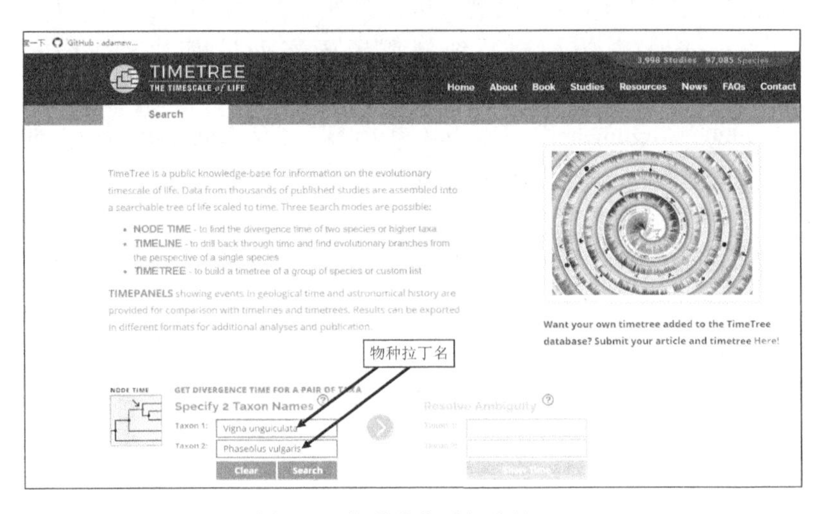



图 103　物种分化时间查找—1

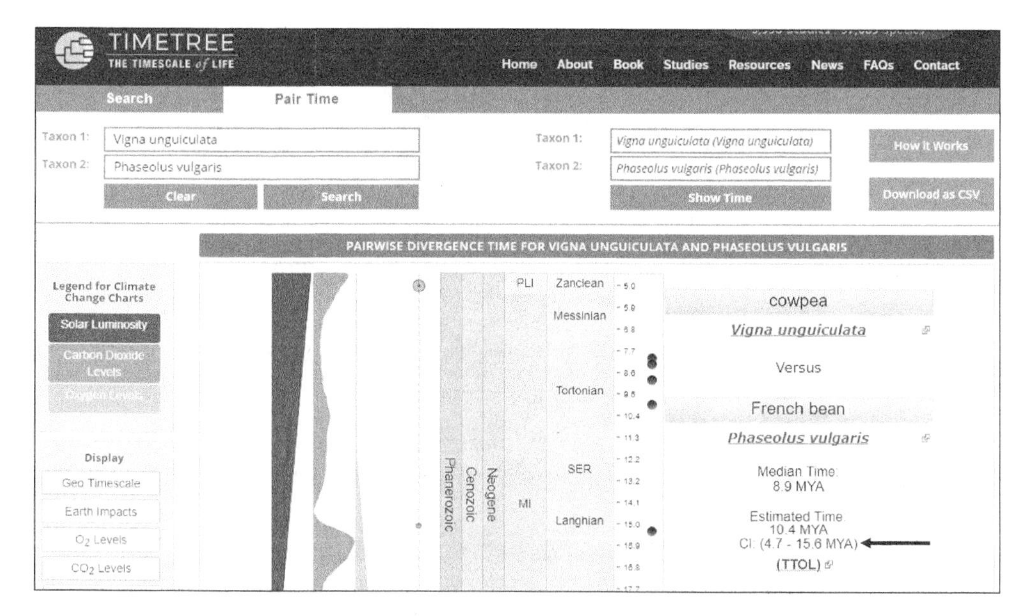


图 104　物种分化时间查找—2

这里要注意，虽然“treePL”是用“conda”命令安装的，但似乎还需要提供完整的路径才能运行，因此读者需要自行找到“treePL”程序的位置，在“conda”安装目录下的“envs”目录中。运行完成后，按照结果提示用新的参数替换以前运行的参数（图 105，图 106），生成新的配置文件，再次运行“treePL”，命令如下：

```
/media/w/data/conda3/envs/treePL/treePL configfile-2
```

结果保存在了“out.dated.tre”文件中。把这个文件拷贝到“Orthofind”运行结果的“Orthogroups”目录下，然后整理这一目录下的“Orthogroups. GeneCount.tsv”文件，生成一个新文件（图 107），命令如下：

```
cd /media/w/12tb/HDD/genefamily_new/orthofinder_result/Results_Aug20/Orthogroups
cut -f 1 Orthogroups.GeneCount.tsv >1
```

提取“Orthogroups.GeneCount.tsv”文件中的第 1 列，输出到“1”这个文件，然后运行：

```
paste 1 Orthogroups.GeneCount.tsv >gene_family.txt
```

把“1”这个文件和“Orthogroups.GeneCount.tsv”合并，然后运行：

```
now priming CV (AD)
nfeval: 1180 rc: Linear search failed
 final: 12280.162 diff: 780195.08
setting NLOPT parallel : LD_LBFGS
result: -1
 final: 11977.254 diff: 780497.98
setting NLOPT parallel : LD_TNEWTON_PRECOND_RESTART
result: 3
 final: 11981.908 diff: 780493.33
setting NLOPT parallel : LD_MMA
result: 4
 final: 12291.458 diff: 780183.78
setting NLOPT parallel : LD_VAR2
result: 3
 final: 12094.841 diff: 780380.4
setting NLOPT parallel : LN_SBPLX
result: 5
 final: 12556.271 diff: 779918.97
best: 1(1) bestad: 2 (1) bestcv: 1 (0)
PLACE THE LINES BELOW IN THE CONFIGURATION FILE
opt = 1
moredetail
optad = 2
moredetailad
optcvad = 1
```



图 105 “treePL”第一次运行结果

```
treefile = SpeciesTree_rooted.txt
smooth = 100
numsites = 187842
mrca = EUDICOT2 Vigna_unguiculata Phaseolus_vulgaris
mrca = EUDICOT3 Cajanus_cajan Glycine_max
mrca = EUDICOT4 Spatholobus_suberectus Lupinus_angustifolius
mrca = EUDICOT5 Lupinus_angustifolius Arachis_duranensis
mrca = EUDICOT6 Senna_tora Rosa_chinensis
mrca = EUDICOT7 Senna_tora Arachis_duranensis
mrca = EUDICOT8 Cicer_arietinum Pisum_sativum
min = EUDICOT2 4.7
max = EUDICOT2 15.6
min = EUDICOT3 11.7
max = EUDICOT3 27.5
min = EUDICOT4 53
max = EUDICOT4 83
min = EUDICOT5 53
max = EUDICOT5 85
min = EUDICOT6 89
max = EUDICOT6 113
min = EUDICOT7 55
max = EUDICOT7 93
min = EUDICOT8 30
max = EUDICOT8 54
outfile = out.dated.tre
opt = 1
moredetail
optad = 2
moredetailad
optcvad = 1
nthreads = 96
```



图 106 修改“treePL”配置文件

```
cut -f 1-17 gene_family.txt >gene_family.1.txt
```

再从合并的文件中提取 1~17 列（读者用的物种数目可能会和本书的不同，因此提取的列数会不同，注意最后一列不要即可）。之后在演示数据中发现，基因家族“OG0000000”中有一个物种的基因数目非常大，为 671，需要去除这个基因家族（把这一行删除），再进行后续基因家族的扩张和收缩分析。

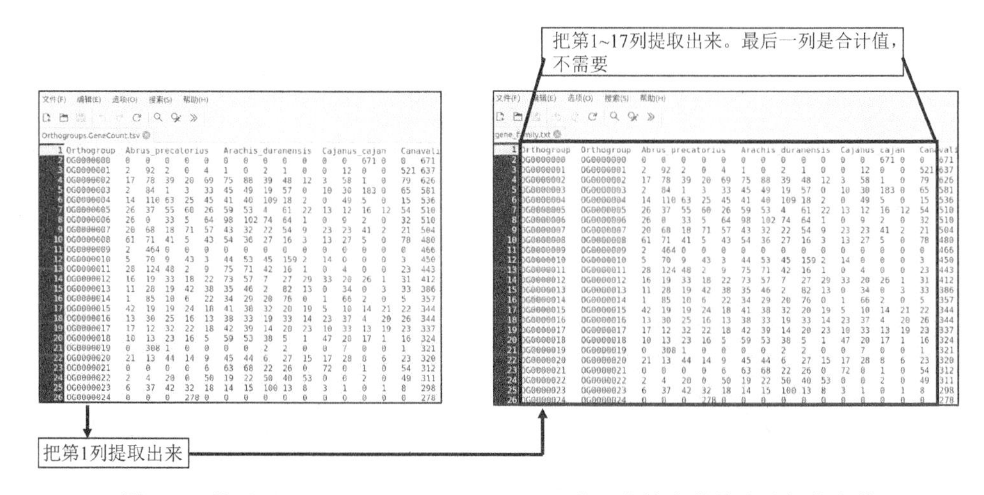


图 107　整理“Orthogroups.GeneCount.tsv”基因家族文件并生成新的文件

准备好基因家族和有分化时间的系统发育树后，利用“CAFE”程序进行基因家族的扩张和收缩分析。程序下载地址是 https://github.com/hahnlab/CAFE5/releases/tag/v5.0。下载后解压缩，进入解压缩的目录，安装：

```
./configure
make
```

安装完成后，运行程序：

```
/home/w/download/CAFE5/bin/cafe5 -i gene_family.1.txt -t out.dated.tre
```

运行结束后，会生成一个“results”目录，结果文件就在这个目录下（图 108）。各物种和系统发育树节点上扩张与收缩基因家族的统计结果在“Base_clade_results.txt”文件中。打开“Base_clade_results.txt”文件，可以看到每个物种的结果在物种名后，但节点基因家族的统计结果只用数字表示，不易和节点一一对应，可以利用 https://phylogeny.unit.oist.jp/网站辅助帮忙判断（图 109~图 112）。

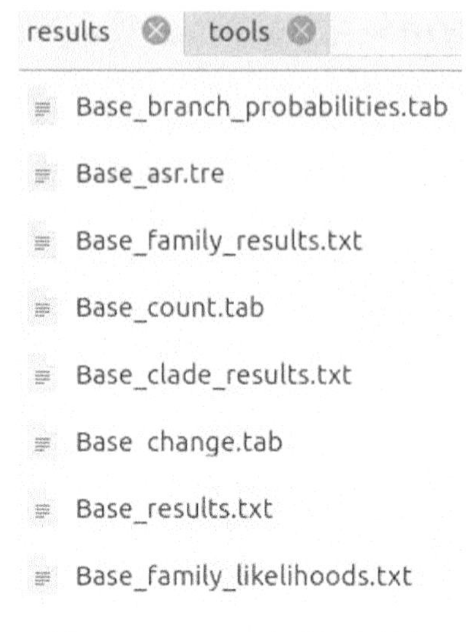


图 108 “CAFE”程序运行结果

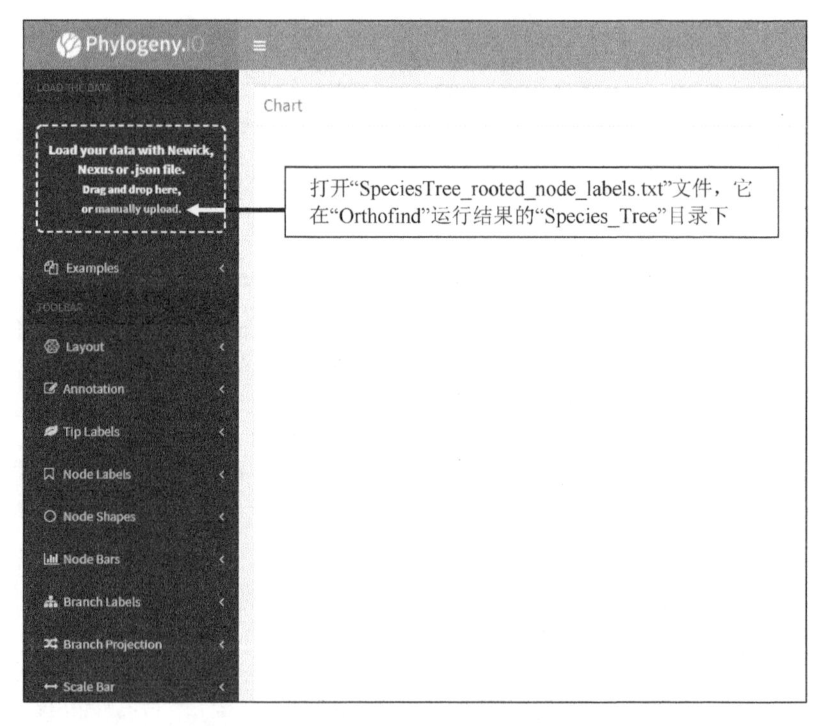


图 109 查看系统发育树的节点基因家族收缩和扩张状况—1

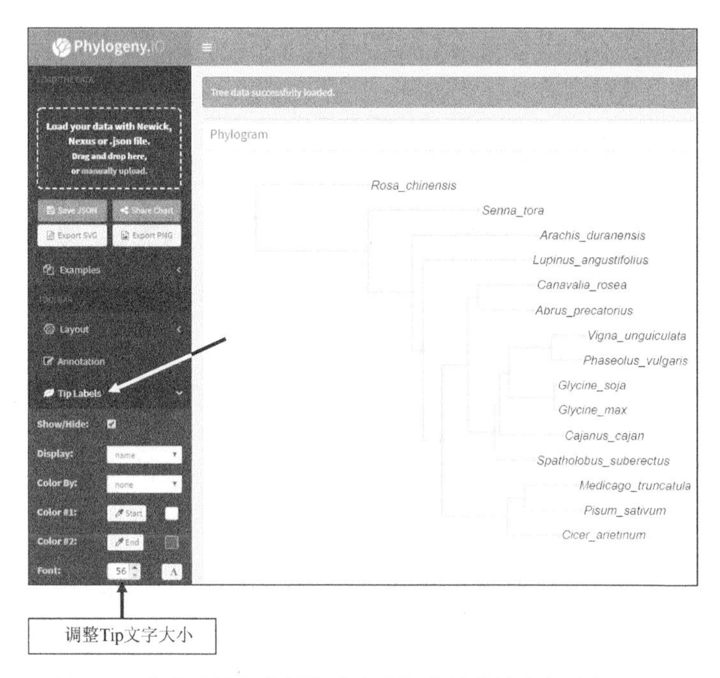


图 110　查看系统发育树的节点基因家族收缩和扩张状况—2

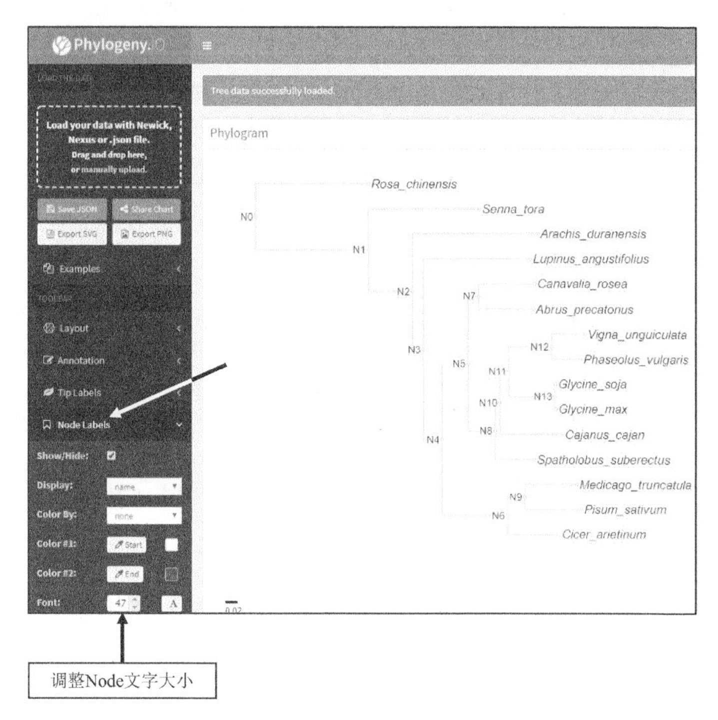


图 111　查看系统发育树的节点基因家族收缩和扩张状况—3

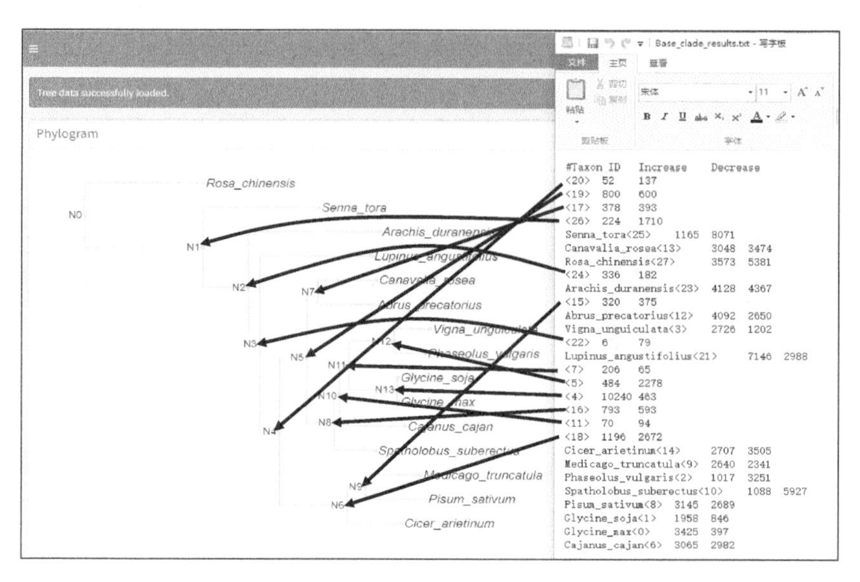


图 112 查看系统发育树的节点基因家族收缩和扩张状况—4

文件中“<>”内的数字为系统发育树构建次序，其中节点次序和左边图中的节点次序是倒序关系，但并非一一对应，因为文件中“<>”内的数字次序包括了物种和节点（混合在一起排列次序），而左边图中只有节点次序，从N1、N2直到N13顺序排列，不包括物种。它们的对应关系举例说明如下：文件中“0”对应的是“Glycine_max”，“1”对应的是“Glycine_soja”，“2”对应的是“Phaseolus_vulgaris”，“3”对应的是“Vigna_unguiculata”，“4”没有物种对应，说明对应节点应为系统发育树上首次出现的节点，即Glycine_max”和“Glycine_soja”形成的节点“N13”；之后“5”没有物种对应，也说明这时应该对应系统发育树上第二次出现的节点，即“N12”，依次类推

对于每个物种，“Base_clade_results.txt”虽然给出了其所在基因家族的扩张和收缩，但并非每个基因家族扩张和收缩都是显著的。查看具体哪些基因家族显著扩张和收缩，可以打开“CAFE”运行结果“results”目录下的“Base_branch_probabilities.tab”文件。这个文件包括所有物种和系统发育树节点上的扩张与收缩基因家族的显著度值，首先需要把对应研究物种的那一列找出来，如本书中研究的物种在第15列，执行如下命令：

```
cut -f 1,15 Base_branch_probabilities.tab >Base_branch_probabilities.tab.1
```

把第1列和第15列抽提出来，第1列是基因家族的名称，然后运行：

```
cat Base_branch_probabilities.tab.1 | awk '{if ($2 <0.05) print $1}' > Base_branch_probabilities.tab.2
```

利用“awk”命令把第2列（用“$2”表示）小于0.05的数据行出来，“print $1”代表输出第1列（即基因家族的名称）（图113）。关于这些基因家族是显著扩张还是收缩，需要利用“CAFE”程序计算得到的“Base_change.tab”文件中的结果进行判定。首先把需要的列提取出来：

```
cut -f 1,15 Base_change.tab >Base_change.tab.1
grep -f Base_branch_probabilities.tab.2 Base_change.tab.1 >Base_change.tab.2
```

用“grep”命令把显著扩张或收缩的基因家族（在文件“Base_branch_probabilities.tab.2”中）从“Base_change.tab.1”文件中提取出来，然后运行：

```
cat Base_change.tab.2 | awk '{if ($2 <0) print $1}' > sig.contract.gene.txt
cat Base_change.tab.2 | awk '{if ($2 >0) print $1}' > sig.expand.gene.txt
```

通过大于“0”和小于“0”筛选扩张与收缩的基因家族，其中“print $1“代表输出第 1 列（即基因家族的名称）（图 113）。

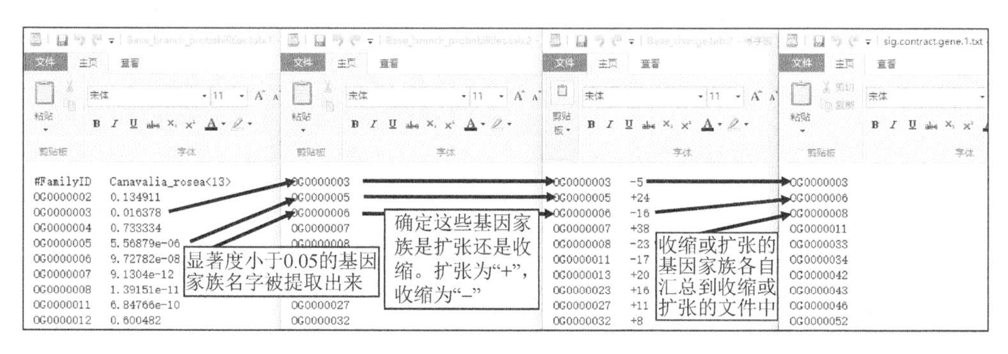


图 113　显著扩张和收缩基因家族的筛选

基因家族是一系列基因的组合，显著扩张和收缩的基因家族包含的基因在“Orthofind”运行结果“orthogroups”目录下的“orthogroups.tsv”文件中。首先把包含研究物种的那一列提取出来，运行：

```
cut -f 1,5 /media/w/12tb/HDD/genefamily_new/orthofinder_result/Results_Aug20/Orthogroups/Orthogroups.tsv >CC.genefamily
```

这里，我研究的物种在第 5 列，利用“cut”命令把第 1 列包含基因家族名称的列和第 5 列包含物种基因的列提取出来，然后运行：

```
grep -f sig.expand.gene.txt CC.genefamily >sig.expand.gene.2.txt
grep -f sig.contract.gene.txt CC.genefamily >sig.contract.gene.2.txt
```

用“grep”命令，利用上面分别包含显著扩张和收缩基因家族名称的文件把这些基因家族对应的基因提取出来。然而由于每个基因家族所对应的基因是以行的形式排列的，如果想把这些基因一个一个按照列进行排列，可运行如下命令：

```
cut -f 2 sig.expand.gene.2.txt >sig.expand.gene.3.txt
cut -f 2 sig.contract.gene.2.txt >sig.contract.gene.3.txt
```

这两个命令分别对应扩张和收缩基因的结果。“sig.expand.gene.2.txt”和“sig.contract.gene.2.txt”文件第 1 列都是基因家族名称，第 2 列是每个基因家族包括的基因（基因之间是用逗号隔开的），因此用“cut”命令把第 2 列提取出来（图 114）。然后运行“for”循环命令，把逗号隔开的每个基因名字提取出来，利用“>>”（“>>”代表追加命令）输出到文件中，命令如下：

```
for i in {1..300}; do cut -d "," -f $i sig.expand.gene.3.txt >>sig.expand.gene.4.txt; done
for i in {1..300}; do cut -d "," -f $i sig.contract.gene.3.txt >>sig.contract.gene.4.txt; done
```

注意这里“300”没有实际意义，是一个估计值，就是基因家族中可能包含的最大基因数，保证尽量大即可，使基因家族中的每个基因都能被提取出来。“-d ","”代表每一行的基因之间是用逗号隔开的。之后运行：

```
sed "s/ //g" sig.expand.gene.4.txt >sig.expand.gene.5.txt
sed "s/ //g" sig.contract.gene.4.txt >sig.contract.gene.5.txt
```

提取出的基因前面可能会有空格，利用“sed”命令把它们去掉，然后运行：

```
sort sig.expand.gene.5.txt >sig.expand.gene.6.txt
sort sig.contract.gene.5.txt >sig.contract.gene.6.txt
uniq sig.expand.gene.6.txt >sig.expand.gene.7.txt
uniq sig.contract.gene.6.txt >sig.contract.gene.7.txt
```

排序，然后利用“uniq”命令去除多余的空行，再运行：

```
sed '1d' sig.expand.gene.7.txt > sig.expand.gene.8.txt
sed '1d' sig.contract.gene.7.txt > sig.contract.gene.8.txt
```

利用 sed 命令把第 1 列空白行删除，最终得到竖排基因信息（图 115），这样就可以进行基因富集分析。

可以利用 TBtools 工具进行富集分析，下载地址是 https://github.com/CJ-Chen/TBtools/releases/tag/1.09852，下载 Windows 版即可。富集分析包括 GO（gene ontology）富集分析和 KEGG（Kyoto encyclopedia of genes and genomes）富集分析。对于两个富集分析都需要各自准备 3 个文件，本书以显著扩张的基因家族为例。对于 GO 富集分析，首先要准备基因文件，即上面的“sig.expand.gene.8.txt”；其次是物种所有基因 GO 注释文件（图 116），这可以从上一章基因注释中得到，在“funannotate”结果的“annotate-results”目录下后缀名为“annotation.txt”的文件中（用“cut”命令把 GO 注释的那一列提取出来）；最后是 GO 背景文件，这可以用“TBtools”下载，这部分下面会有介绍。

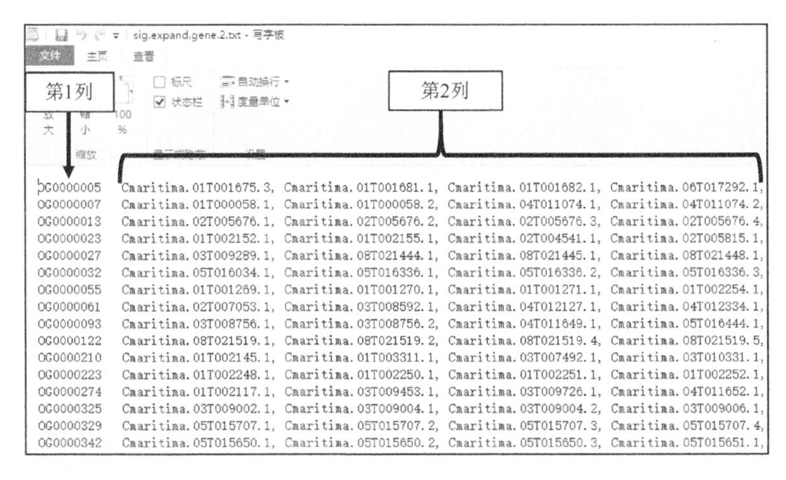


图 114　基因家族及其基因组成

图 115　整理的基因

```
Cmaritima.01T000012.1    GO:0003677;GO:0006355;GO:0008289;GO:0043565
Cmaritima.01T000013.1
Cmaritima.01T000014.1
Cmaritima.01T000014.2    GO:0003824
Cmaritima.01T000014.3    GO:0003824
Cmaritima.01T000014.4    GO:0003824
Cmaritima.01T000015.1    GO:0003677
Cmaritima.01T000016.1    GO:0004672;GO:0005524;GO:0006468
Cmaritima.01T000016.2
Cmaritima.01T000016.3    GO:0004672;GO:0005524;GO:0006468
Cmaritima.01T000016.4    GO:0004672;GO:0005524;GO:0006468
Cmaritima.01T000016.5
Cmaritima.01T000017.1    GO:0009405;GO:0045735
Cmaritima.01T000018.1
Cmaritima.01T000019.1    GO:0003676;GO:0003677;GO:0009630
Cmaritima.01T000019.2    GO:0003676;GO:0003677;GO:0009630
Cmaritima.01T000020.1
Cmaritima.01T000021.1    GO:0004371;GO:0006071
```

图 116　所有基因的 GO 注释状况

运行“TBtools”，点击“GO & KEGG”，点击“GO Enrichment”（图 117），然后按照图 118 操作，就可以得到 GO 富集的结果，即后缀名为“GO.Enrichment.final.xls”的文件。打开这个文件，查看“corrected p-value(BH method)”这一列，把数值大于 0.05 的那些行删除（图 119）。

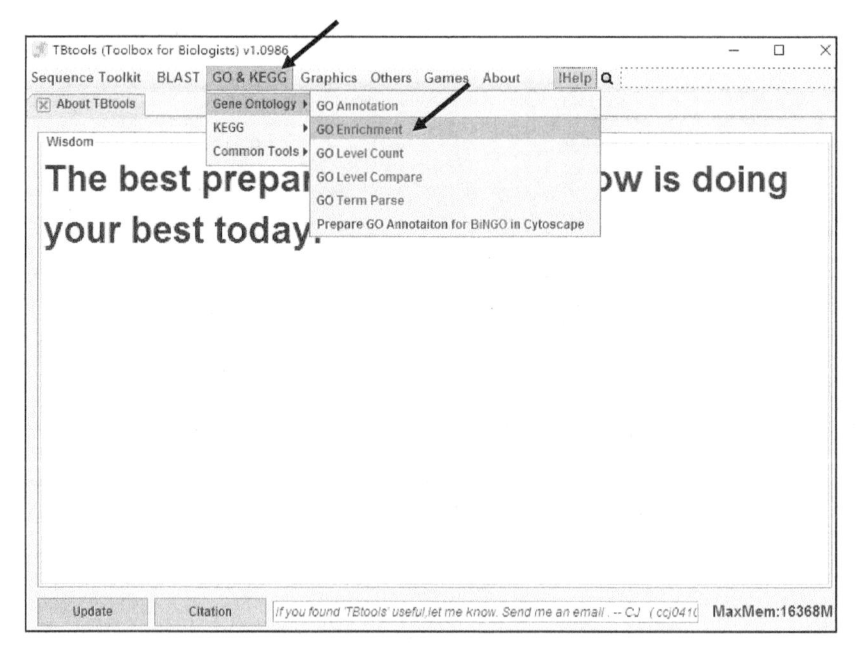


图 117　利用“TBtools”进行“GO”富集分析—1

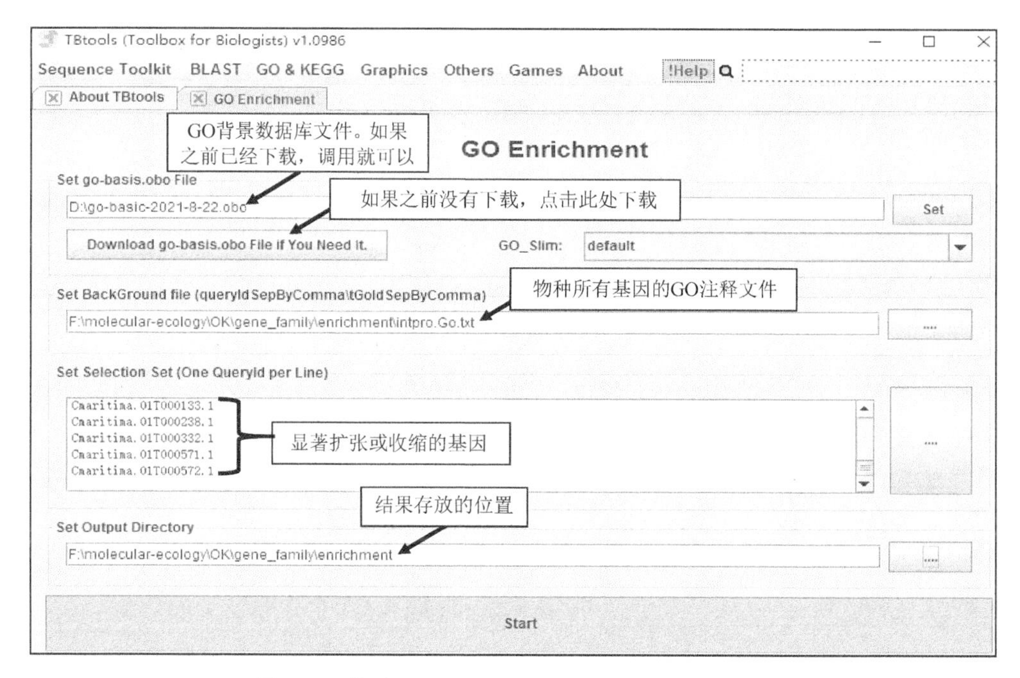


图 118　利用“TBtools”进行“GO”富集分析—2

| 51 | Molecular | catalytic | GO:014009 | 4 | 0.009266 | 1.849877 | 18 | 459 | 320 | 15095 | DS_007911-T1, DS_0 | 0.026768782 |
|---|---|---|---|---|---|---|---|---|---|---|---|---|
| 52 | Molecular | cation bi | GO:004316 | 4 | 0.009848 | 1.39068 | 50 | 1696 | 320 | 15095 | DS_007417-T1, DS_0 | 0.028005378 |
| 53 | Molecular | microtubu | GO:000801 | 6 | 0.018737 | 2.858902 | 6 | 99 | 320 | 15095 | DS_012002-T1, DS_0 | 0.050896282 |
| 54 | Molecular | helicase | GO:000438 | 4 | 0.02004 | 2.559714 | 7 | 129 | 320 | 15095 | DS_021054-T1, DS_0 | 0.053636122 |
| 55 | Molecular | cytoskele | GO:000809 | 4 | 0.022739 | 2.188386 | 9 | 194 | 320 | 15095 | DS_012002-T1, DS_0 | 0.059978354 |
| 56 | Molecular | tubulin b | GO:001563 | 5 | 0.025869 | 2.427964 | 7 | 136 | 320 | 15095 | DS_012002-T1, DS_0 | 0.06725812 |
| 57 | Molecular | NAD bindi | GO:005128 | 6 | 0.026152 | 2.985562 | 5 | 79 | 320 | 15095 | DS_013257-T2, DS_0 | 0.067037804 |
| 58 | Molecular | proton tr | GO:001507 | 7 | 0.027382 | 2.62066 | 6 | 108 | 320 | 15095 | DS_011913-T1, DS_0 | 0.06921683 |
| 59 | Molecular | hydrolase | GO:001679 | 4 | 0.033017 | 1.662445 | 16 | 454 | 320 | 15095 | DS_013601-T1, DS_0 | 0.08012058 |
| 60 | Molecular | carbohydr | GO:003024 | 3 | 0.034148 | 2.144176 | 8 | 176 | 320 | 15095 | DS_009614-T5, DS_0 | 0.081775908 |
| 61 | Molecular | antiporte | GO:001529 | 6 | 0.043974 | 2.339101 | 6 | 121 | 320 | 15095 | DS_011913-T1, DS_0 | 0.098805421 |
| 62 | Cellular | actin cyt | GO:001562 | 7 | 1.18E-05 | 11.12647 | 6 | 34 | 60 | 3783 | DS_000898-T1, DS_0 | 5.06E-04 |
| 63 | Cellular | membrane | GO:001602 | 3 | 6.53E-05 | 1.475229 | 46 | 1966 | 60 | 3783 | DS_013166-T1, DS_0 | [illegible] |
| 64 | Cellular | organelle | GO:003198 | 3 | 0.001922 | 4.503571 | 6 | 84 | 60 | 3783 | DS_019616-T3, DS_0 | [illegible] |



图 119　利用“TBtools”进行“GO”富集分析的结果整理

KEGG 富集分析和 GO 富集分析类似，也需要 3 个文件。第一个是基因文件，同上；第二个是所研究物种所有基因的 KEGG 注释文件，可以利用 https://www.genome.jp/tools/kaas/ 网站在线注释（图 120，图 121），或利用 http://eggnogmapper. embl.de/网站在线注释。eggnog-mapper 在线注释时，“Annotation options”选项中的“Taxonomic Scope”默认是“Auto adjust per query (RECOMMENDED)”，建议点击后选择具体的物种类型进行注释，如我研究的是植物，就选择“Viridiplantae-33090”这一类型物种进行蛋白质序列注释。注释完成后，下载结果文件（“out.emapper.annotations”或“.tsv”文件），把其中第 1 列和第 12 列（列名为“KEGG_ko”）提取出，利用“sed”替换掉其中的“ko: ”和“_”字符，就可以作为富集分析的基因 KEGG 注释文件。“kaas”和“eggnogemmper”注释结果会有不同，后者注释的基因多于前者；第三个是 KEGG

背景数据库文件（图 122）。

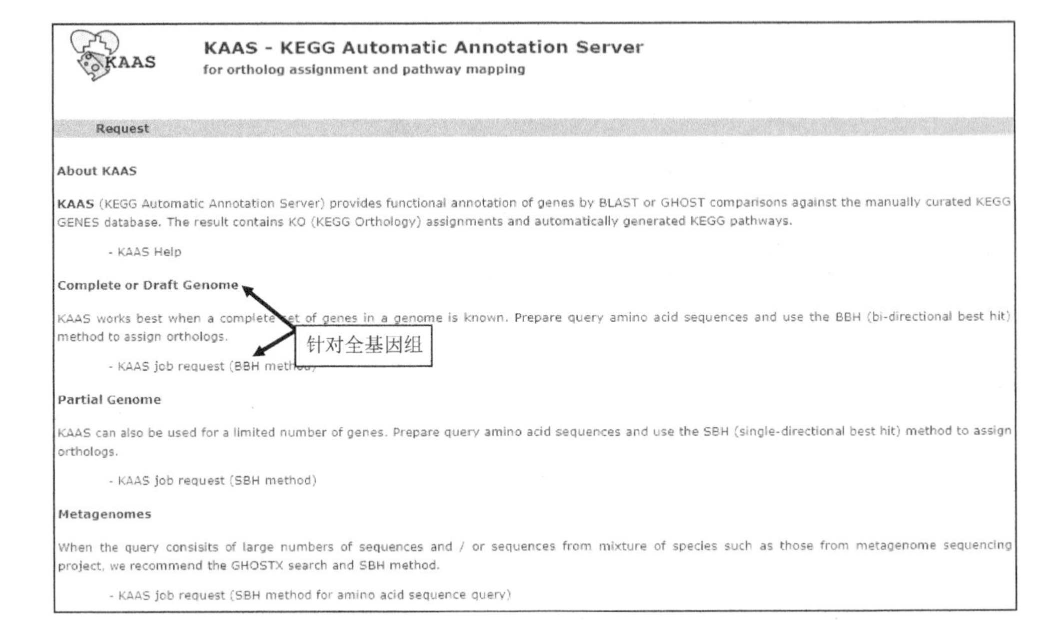


图 120 “KEGG”注释—1

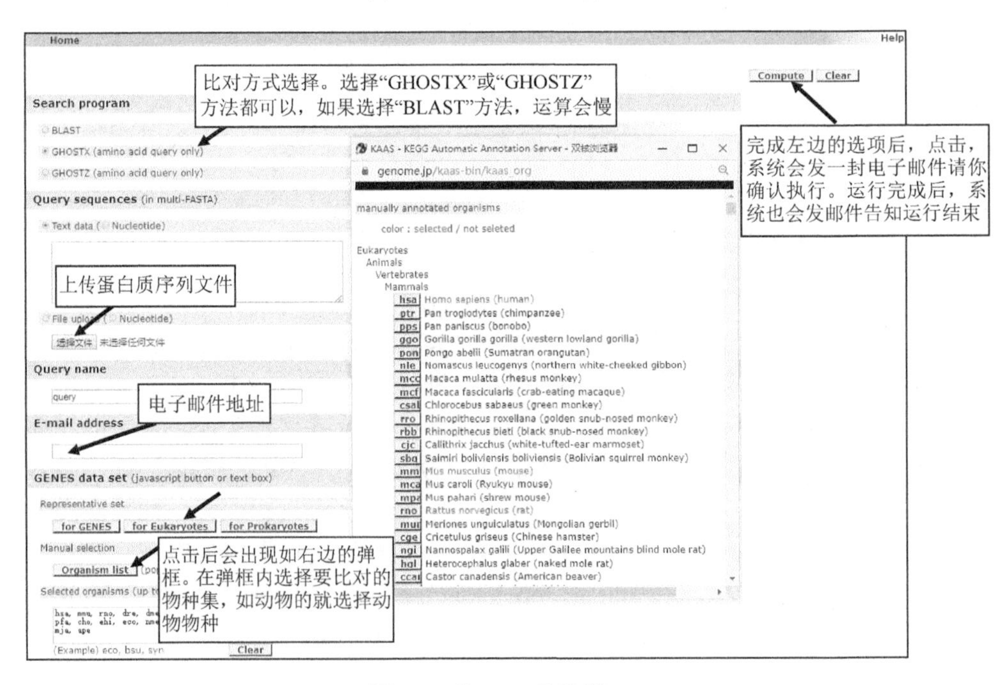


图 121 “KEGG”注释—2

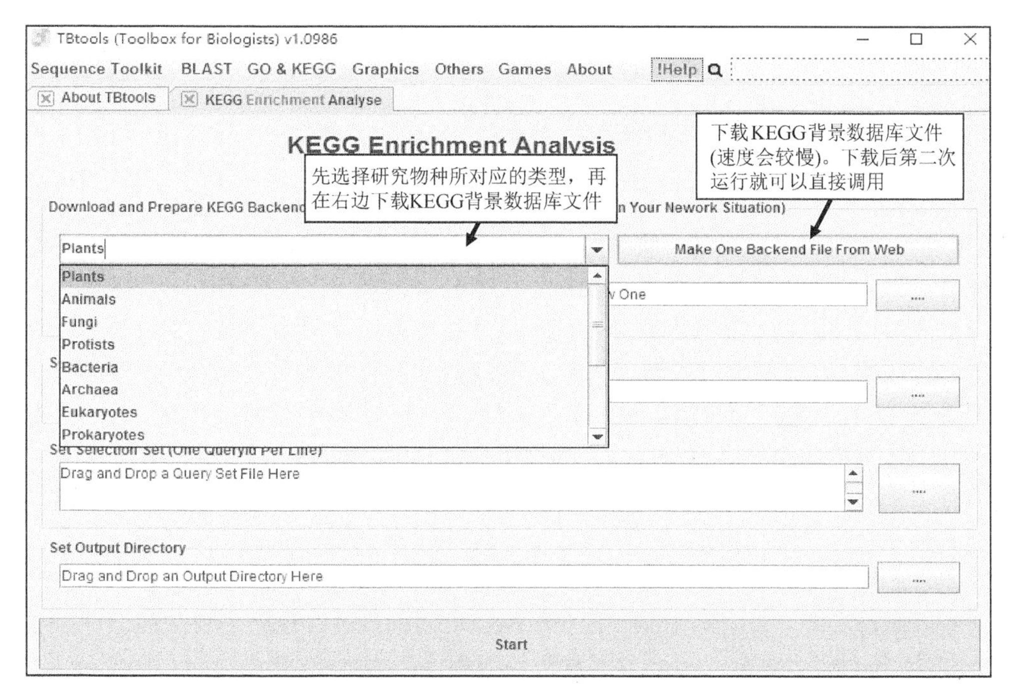


图 122　利用“TBtools”进行“KEGG”富集分析

# 第八章　物种历史动态

物种历史动态主要是了解物种在历史上种群大小变化状况。进行物种历史动态分析首先要知道物种突变率，但对于大部分物种来说，突变率很难直接获得，可以通过对比近缘物种序列间差异的方法获得，如果读者不知道研究物种的近缘种，可利用上面介绍的“Orthofind”运算得到的系统发育树获得。有了近缘种，首先参考 https://github.com/dongwei1220/SpeciesTree 网站提供的方法获得研究物种和近缘物种间的单拷贝基因，再利用单拷贝基因之间的序列差异计算突变率。执行“SpeciesTree”程序，需要准备研究物种和近缘种的蛋白质与蛋白质编码区（CDS）序列。物种的蛋白质和 CDS 序列在执行完“funannotate”程序后就可以获得，近缘种的这两个序列需要到 GenBank 等网站下载。

读者可参考“SpeciesTree”程序网站提供的信息进行程序安装。在运行前要先安装“mafft”程序，“mafft”是序列比对程序，执行：

```
sudo apt install mafft
```

之后安装“trimal”程序，下载地址是 https://github.com/inab/trimal/releases/tag/v1.4.1。下载后，解压缩，进入其下面的“source”目录，运行“make”进行编译就可生成可执行文件“trimal”。

然后选择一个安装目录（如我选择的目录是“/media/w/12tb/software”），在这个目录下创建一个“mutation_rate”目录：

```
cd /media/w/12tb/software
mkdir mutation_rate
cd media/w/12tb/software/mutation_rate/
```

进入“/media/w/12tb/software/mutation_rate/”目录，然后下载“OrthoFinder- 2.2.7”程序（https://github.com/davidemms/OrthoFinder/releases/tag/ v2.2.7，文件为“OrthoFinder-2.2.7.tar.gz”），解压后运行：

```
cd /media/w/12tb/software/mutation_rate/ OrthoFinder-2.2.7
sudo chmod 777 orthofinder
```

更改“orthofinder”文件属性，使其可执行。然后下载“SpeciesTree”程序到“/media/w/12tb/software/mutation_rate”目录，然后运行下：

```
cd /media/w/12tb/software/mutation_rate/SpeciesTree-master/src
sudo chmod 777 filter_seq_by_length.py
gzip -k -d FASconCAT-master.zip
cd /media/w/12tb/software/mutation_rate/SpeciesTree-master/src/FASconCAT-master
sudo chmod 777 FASconCAT_v1.11.pl
```

同样，这些操作是让这些目录下的文件属性改为可以执行。之后在“SpeciesTree-master”目录下创建一个“Example”目录，其下面再创建两个目录，即“cds”和“pep”（图 123），将物种蛋白质和 CDS 序列文件分别放在“Example”目录下对应的蛋白质（pep）和 CDS（cds）目录下，读者可参考我的整理。这里注意，蛋白质和 CDS 文件命名后缀一定分别是“.pep.fasta”和“.cds.fasta”，蛋白质和 CDS 序列的前缀需要一致，同时这个前缀最好是 4 个字符，如图 124 所示。同时，还要注意每个物种蛋白质序列中的每个序列名和 CDS 序列中的每个序列名要相同，一一对应（图 125）。然后运行：

```
cd /media/w/12tb/software/mutation_rate/SpeciesTree-master
export PATH=/home/lhl/Downloads/OrthoFinder/bin:$PATH
```

设置环境变量，“SpeciesTree”在执行中要调用“diamond”和“mcl”程序（这两个程序在第七章安装的“OrthoFinder”程序的“bin”目录下），然后运行：

```
export PATH=/media/w/12tb/software/ncbi-blast-2.11.0+/bin:$PATH
```

设置环境变量，程序运行中要调用“blast”程序。之后，读者还需要配置“SpeciesTree.cfg”文件（图 126）。另外，建议读者运行我修改后的“SpeciesTree-1.sh”程序，不要用程序自带的“SpeciesTree.sh”文件，同时修改这个文件中第 149 行和第 151 行的内容（图 127）。之后运行：

```
bash SpeciesTree-1.sh -p Example/pep/ -n Example/cds/ -S diamond -A mafft -t 48 -b 100 -M PROTGAMMAJTT -m GTRGAMMA
```

其中“-p”和“-n”后面分别是蛋白质序列和 CDS 序列所在的目录；“-S diamond”和“-A mafft”这两个也不需要进行改动，它们是两两序列比对时采用的程序。由于并非利用这个程序进行系统发育树的构建，因此无须理会“-b 100 -M PROTGAMMAJTT -m GTRGAMMA”这些参数设置。程序执行完后会报错，但不需要理会。同时要注意程序运行时间会久一些，请保持耐心。运行结束后，运行结果保存在新生成的“SingleCopyOG_MSA”目录下的“cds”目录中，文件名为“FcC_smatrix.fas”（图 128）。可以把这个文件拷贝到其他目录下，用“cd”命令进入这个目录，然后执行：

```
/media/lhl/8tb/software/seqkit split -i FcC_smatrix.fas -w 0
```

利用“seqkit”程序中的“split”命令把两个序列分成两个文件，其中“-w 0”代表序列不要分行输出，然后运行：

```
cd /media/lhl/OSGEOLIVE14/book/mutation_rate/sequence_compare/FcC_smatrix.fas.split
```

进入序列分开后生成的目录中，然后运行：

```
grep -v ">" FcC_smatrix.id_pbmm.fas >A.txt
grep -v ">" FcC_smatrix.id_xqqq.fas >B.txt
```

将序列提取出来，不要序列名。之后参考“https://github.com/MallyShan/Mutation-Rate-Calculator-”网站提供的程序进行两个序列中差异序列的比例计算。读者可利用我修改的程序“MutationComparison-1.py”进行分析，它可从我的网站 http://molecular-ecologist.com 下载。把上面运行的“A.txt”和“B.txt”与“MutationComparison-1.py”文件放在同一个目录下，运行：

```
python MutationComparison-1.py
```

就可以得到结果，如用本书例子得到的结果是“0.057 406 166 303 878 986”。把这个值作为“$D$”代入下方算式：

$$k=-3/4(\ln(1-4D/3))$$

计算替换率，然后利用下方算式：

$$k/2t$$

计算突变率，其中 $t$ 是两个物种的分化时间，利用第七章“treePL”计算得到。

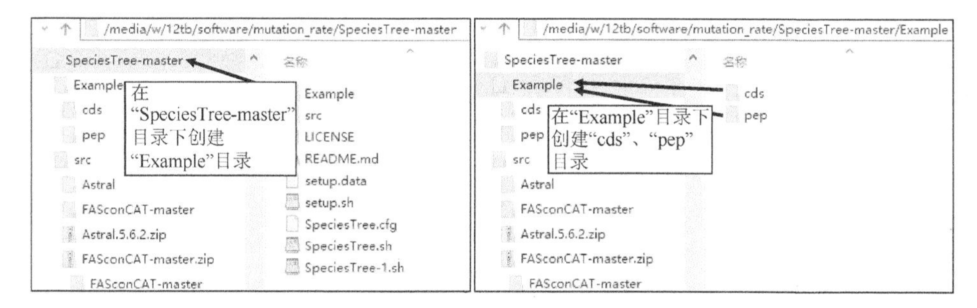


图 123　创建“Example”及其下的“cds”、“pep”目录

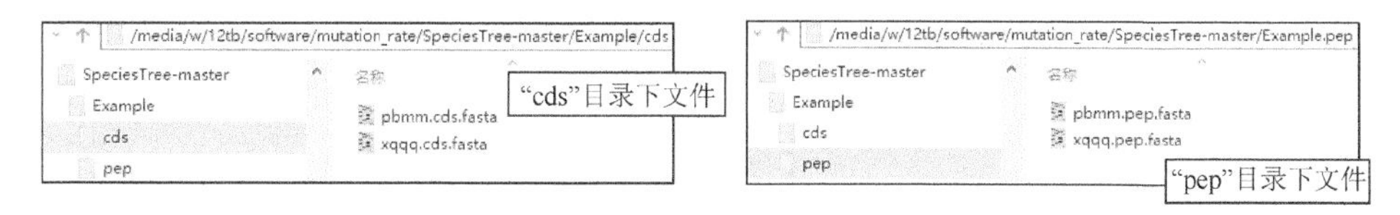


图 124　“cds”和“pep”目录下文件

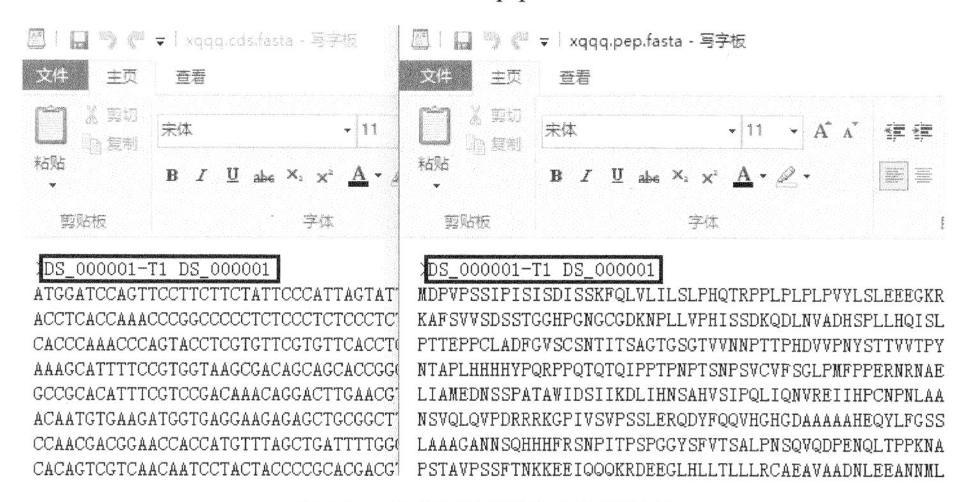


图 125　CDS 序列和蛋白质序列示意

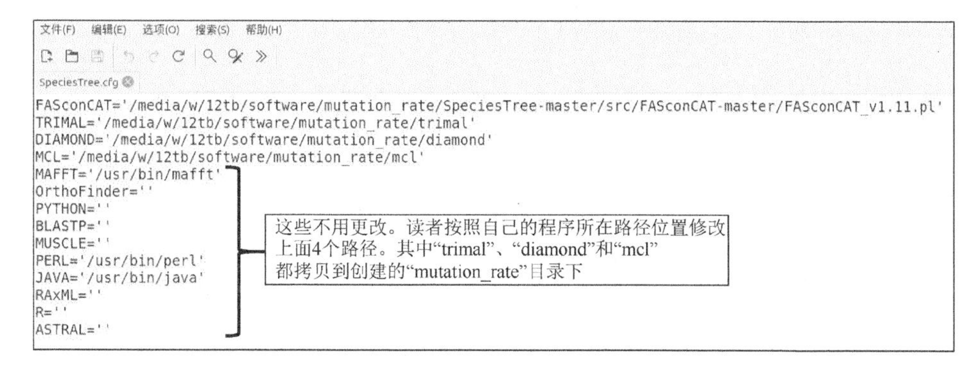


图 126　设置“SpeciesTree.cfg”配置文件

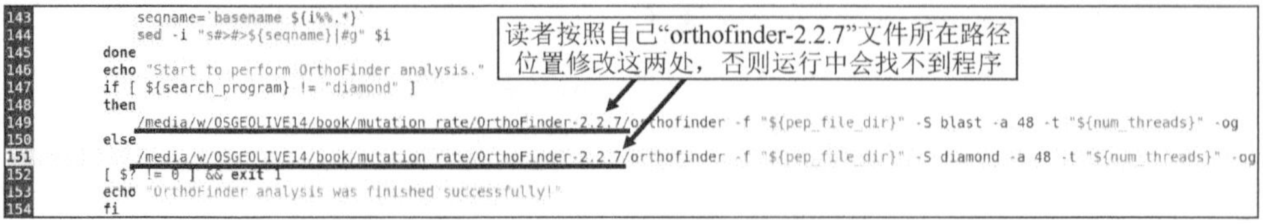

```
143        seqname=`basename ${i%%.*}`
144        sed -i "s#>#>${seqname}|#g" $i
145     done
146     echo "Start to perform OrthoFinder analysis."
147     if [ ${search_program} != "diamond" ]
148     then
149        /media/w/OSGEOLIVE14/book/mutation_rate/OrthoFinder-2.2.7/orthofinder -f "${pep_file_dir}" -S blast -a 48 -t "${num_threads}" -og
150     else
151        /media/w/OSGEOLIVE14/book/mutation_rate/OrthoFinder-2.2.7/orthofinder -f "${pep_file_dir}" -S diamond -a 48 -t "${num_threads}" -og
152     [ $? != 0 ] && exit 1
153     echo "OrthoFinder analysis was finished successfully!"
154     fi
```

读者按照自己“orthofinder-2.2.7”文件所在路径位置修改这两处，否则运行中会找不到程序

图 127　修改“SpeciesTree-1.sh”文件中的部分内容

/ media w 12tb software mutation_rate SpeciesTree-master SingleCopyOG_MSA cds

FcC_info.xls　OG0003992.rename_aln_trimmed.fas　OG0004016.rename_aln_trimmed.fas
FcC_smatrix.fas　OG0003993.rename_aln_trimmed.fas　OG0004017.rename_aln_trimmed.fas
OG0003970.rename_aln_trimmed.fas　OG0003994.rename_aln_trimmed.fas　OG0004018.rename_aln_trimmed.fas
OG0003971.rename_aln_trimmed.fas　OG0003995.rename_aln_trimmed.fas　OG0004019.rename_aln_trimmed.fas

图 128　“SpeciesTree”运行结果

计算完物种突变率，就可以进行物种历史动态分析，利用的程序是“CoalQC”（https://github.com/ceglab/CoalQC）。首先安装一些依赖文件。

```
conda create -n maker
conda install -c bioconda maker
conda activate maker
```

创建一个“maker”环境，安装“maker”程序。

```
export PATH=/media/lhl/8tb/software/CoalQC-master/scripts:$PATH
export coalpath=/media/lhl/8tb/software/CoalQC-master/scripts
```

设置环境变量，然后运行：

```
cd /media/lhl/8tb/XXQ/demography
coalqc map -g xqq-ehz.repeat-sort-mask.fa -f /media/lhl/8tb/XXQ/DS-2_R1_trimmed.corrected.fastq -r /media/lhl/8tb/XXQ/DS-2_R2_trimmed.corrected.fastq -n 48 -p xqq_map
```

进入组装基因组文件所在的目录，运行命令“coalqc map”。这个命令是把二代双端测序的数据比对到基因组上，生成一个“bam”文件，用于寻找 SNP 位点（见第九章），再利用 SNP 位点开展物种历史动态的研究。“-n”后面是计算机的线程数；“-p”是创建一个目录名，读者可以更改为其他名称。

运行结束后，还需要安装其他必要的程序。首先是“seqtk”（https://github.

com/lh3/seqtk），运行：

```
git clone https://github.com/lh3/seqtk.git
cd seqtk; make
```

然后下载“msmc-tools”（https://github.com/stschiff/msmc-tools）和“msmc2”（https://github.com/stschiff/msmc2），其中“msmc2”的下载参见图 129。这两个程序无须安装，但如果运行中程序不可执行，就用“chmod”命令更改这些程序文件属性，使其可执行。程序准备完成后，在运行“CoalQC”程序之前，先设置环境变量，如下：

```
export PATH=/media/lhl/8tb/software/seqtk-master:$PATH
export PATH=/media/lhl/8tb/software/msmc-tools-master:$PATH
export PATH=/media/lhl/8tb/software/CoalQC-master/scripts:$PATH
export coalpath=/media/lhl/8tb/software/CoalQC-master/scripts
export PATH=/media/lhl/8tb/software/CoalQC-master/utils:$PATH
export PATH=/media/lhl/8tb/software:$PATH
```

其中“export PATH=/media/lhl/8tb/software:$PATH”是提供“msmc2_linux64bit”程序所在的位置，读者根据自己下载“msmc2”的位置提供路径。其他环境变量的路径位置也请读者按照自己下载或程序安装的位置提供相应的路径。“CoalQC”程序运行还需要“bedtools”程序，读者可按照上面“export PATH”格式设置“bedtools”所在的位置，再进入“CoalQC”下载目录的“scripts”目录下，运行：

```
sudo chmod 777 *
```

“*”代表所有文件的意思，这个命令使这个目录下所有文件属性更改为可执行。

由于基因组中的重复序列和非重复序列历史动态会不同，在分析时需要分开。因此，在运行“CoalQC”程序之前，还需要先整理基因组重复序列信息，命令如下：

```
wc -l combined.bed
```

显示基因组重复序列文件的行数（“wc -l”是显示行数的命令），“combined.bed”是第五章进行重复序列预测得到的结果（读者可进入“combined.bed”所在的目录执行“wc -l combined.bed”这个命令）。之后运行：

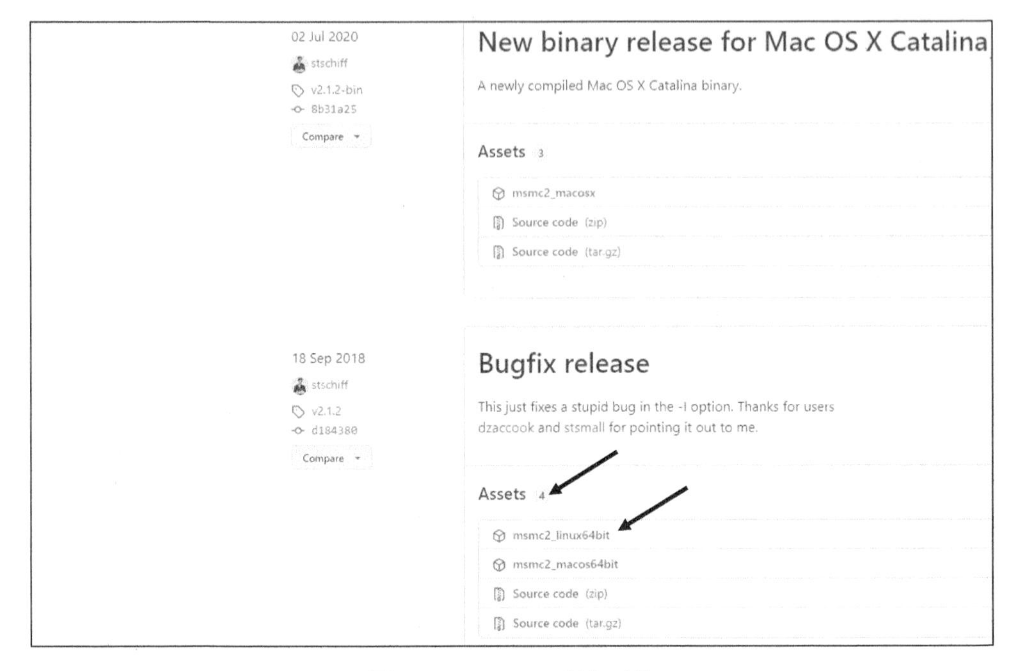


图 129 “msmc2”程序下载

```
for i in {1..195451}; do echo "repeat" >>repeat.temp; done
```

其中“195451”是上一步“wc -l”得到的结果；“echo”是显示（或生成）字符串的命令；“>>”是追加命令，将每次循环得到的结果按照顺序写入“repeat.temp”文件。“for… do… done”是固定格式，用于循环运行。这里是通过循环产生一个和“combined.bed”文件同样行数的文件，每行内容都是“repeat”，然后运行：

```
paste combined.bed repeat.temp >xqq_repeat.1
```

用“paste”命令把“combined.bed”和“repeat.temp”结果合并，最终结果如图 130 所示。之后，为加快运算速度，读者可以采用我修改的“coalrep”程序覆盖原有的“coalrep”程序（在“CoalQC”安装目录的“scripts”目录下），并修改其中第 86、88、89 行对应内容（图 131），然后运行：

```
coalqc repeat -g xqq-ehz.repeat-sort-mask.fa -b /media/lhl/8tb/XXQ/demography/xqq_map/xqq_map.sort.bam -p xqq_demography -n 48 -m xqq_repeat.1
```

其中“-g”后面是基因组文件；“-b”后面是前面“coalqc map”运行后的结果文件（后缀名为“.sort.bam”的文件）；“-p”后面是运算结果存放的目录名；“-n”

后面是计算机线程数；“-m”后面是前一步得到的重复序列文件。运行完成后结果保存在“-p”提供的目录（这里是“xqq_demography”）下的“msmc”目录中，后缀名是“.hm.final.txt”。之后可以利用 R 程序进行作图（图 132），结果如图 133 所示。启动“R”程序的方法是直接输入“R”，然后回车就可以进入“R”环境。“R”程序操作可参考《分子生态学与数据分析基础》一书中的介绍。

combined.bed

```
1 chr10     678
2 chr11191  1329
3 chr11965  2069
4 chr13323  3349
5 chr17048  7127
6 chr18969  9188
7 chr113120 13150
8 chr113696 13908
9 chr114353 14568
10 chr116254 16519
11 chr117075 17106
12 chr119211 19422
13 chr121391 21434
14 chr121519 21760
15 chr121895 22198
```

repeat.temp

```
1 repeat
2 repeat
3 repeat
4 repeat
5 repeat
6 repeat
7 repeat
8 repeat
9 repeat
10 repeat
11 repeat
12 repeat
13 repeat
14 repeat
15 repeat
```

“For… do… done”循环命令生成

xqq_repeat.1

```
1 chr10     678 repeat
2 chr11191  1329  repeat
3 chr11965  2069  repeat
4 chr13323  3349  repeat
5 chr17048  7127  repeat
6 chr18969  9188  repeat
7 chr113120 13150 repeat
8 chr113696 13908 repeat
9 chr114353 14568 repeat
10 chr116254 16519 repeat
11 chr117075 17106 repeat
12 chr119211 19422 repeat
13 chr121391 21434 repeat
14 chr121519 21760 repeat
15 chr121895 22198 repeat
```

图 130　整理运行“CoalQC”程序中的重复序列文件

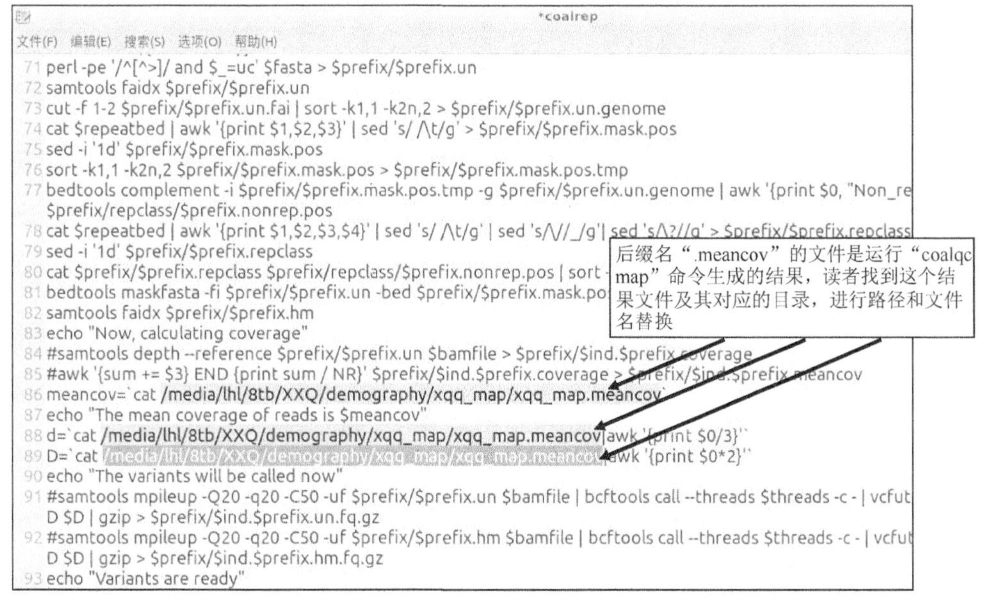

```
71 perl -pe '/^[^>]/ and $_=uc' $fasta > $prefix/$prefix.un
72 samtools faidx $prefix/$prefix.un
73 cut -f 1-2 $prefix/$prefix.un.fai | sort -k1,1 -k2n,2 > $prefix/$prefix.un.genome
74 cat $repeatbed | awk '{print $1,$2,$3}' | sed 's/ /\t/g' > $prefix/$prefix.mask.pos
75 sed -i '1d' $prefix/$prefix.mask.pos
76 sort -k1,1 -k2n,2 $prefix/$prefix.mask.pos > $prefix/$prefix.mask.pos.tmp
77 bedtools complement -i $prefix/$prefix.mask.pos.tmp -g $prefix/$prefix.un.genome | awk '{print $0, "Non_re
   $prefix/repclass/$prefix.nonrep.pos
78 cat $repeatbed | awk '{print $1,$2,$3,$4}' | sed 's/ /\t/g' | sed 's/\//_/g'| sed 's/\?//g' > $prefix/$prefix.repclass
79 sed -i '1d' $prefix/$prefix.repclass
80 cat $prefix/$prefix.repclass $prefix/repclass/$prefix.nonrep.pos | sort -
81 bedtools maskfasta -fi $prefix/$prefix.un -bed $prefix/$prefix.mask.po
82 samtools faidx $prefix/$prefix.hm
83 echo "Now, calculating coverage"
84 #samtools depth --reference $prefix/$prefix.un $bamfile > $prefix/$ind.$prefix.coverage
85 #awk '{sum += $3} END {print sum / NR}' $prefix/$ind.$prefix.coverage > $prefix/$ind.$prefix.meancov
86 meancov=`cat /media/lhl/8tb/XXQ/demography/xqq_map/xqq_map.meancov`
87 echo "The mean coverage of reads is $meancov"
88 d=`cat /media/lhl/8tb/XXQ/demography/xqq_map/xqq_map.meancov|awk '{print $0/3}'`
89 D=`cat /media/lhl/8tb/XXQ/demography/xqq_map/xqq_map.meancov|awk '{print $0*2}'`
90 echo "The variants will be called now"
91 #samtools mpileup -Q20 -q20 -C50 -uf $prefix/$prefix.un $bamfile | bcftools call --threads $threads -c - | vcfut
   D $D | gzip > $prefix/$ind.$prefix.un.fq.gz
92 #samtools mpileup -Q20 -q20 -C50 -uf $prefix/$prefix.hm $bamfile | bcftools call --threads $threads -c - | vcfut
   D $D | gzip > $prefix/$ind.$prefix.hm.fq.gz
93 echo "Variants are ready"
```



图 131　修改“coalrep”中内容

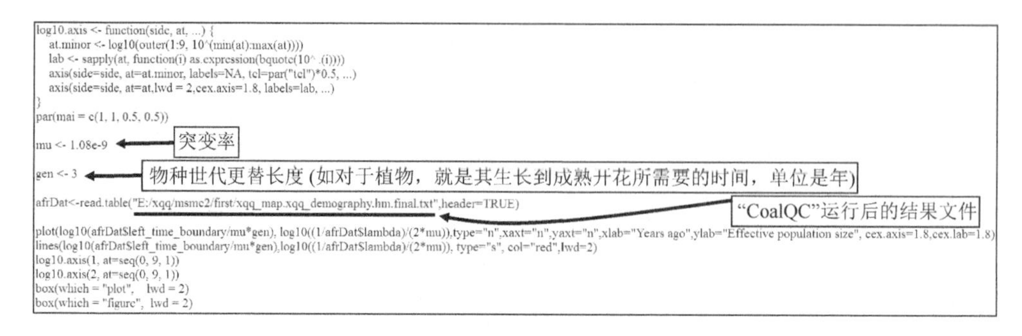

```
log10.axis <- function(side, at, ...) {
   at.minor <- log10(outer(1:9, 10^(min(at):max(at))))
   lab <- sapply(at, function(i) as.expression(bquote(10^ .(i))))
   axis(side=side, at=at.minor, labels=NA, tcl=par("tcl")*0.5, ...)
   axis(side=side, at=at,lwd = 2,cex.axis=1.8, labels=lab, ...)
}
par(mai = c(1, 1, 0.5, 0.5))
mu <- 1.08e-9
gen <- 3
afrDat<-read.table("E:/xqq/msmc2/first/xqq_map.xqq_demography.hm.final.txt",header=TRUE)
plot(log10(afrDat$left_time_boundary/mu*gen), log10((1/afrDat$lambda)/(2*mu)),type="n",xaxt="n",yaxt="n",xlab="Years ago",ylab="Effective population size", cex.axis=1.8,cex.lab=1.8)
lines(log10(afrDat$left_time_boundary/mu*gen),log10((1/afrDat$lambda)/(2*mu)), type="s", col="red",lwd=2)
log10.axis(1, at=seq(0, 9, 1))
log10.axis(2, at=seq(0, 9, 1))
box(which = "plot",    lwd = 2)
box(which = "figure",  lwd = 2)
```



图 132　对“CoalQC”结果进行作图（R 程序）

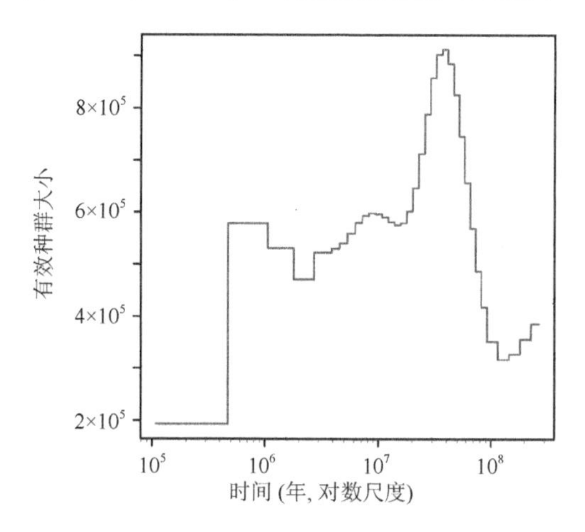



图 133　“CoalQC”结果

有一个需要注意的地方是，“CoalQC”运行中调用“msmc2”程序进行物种历史动态分析，使用的是“msmc2”默认参数，其中的时间间隔参数为“1*2+25*1+1*2+1*3”，即包括 32 个时间间隔，前两个时间间隔共用一个溯祖率（coalescence rate）并进行有效种群大小估算，中间 25 个时间间隔各自用自己的溯祖率并进行有效种群大小估算，后面两个时间间隔共用一个溯祖率并进行有效种群大小估算，最后 3 个时间间隔共用一个溯祖率并进行有效种群大小估算，这个设置可能不适用所有的物种，读者可以尝试不同的间隔，如“1*2+15*1+1*2”，减少间隔数（19 个时间间隔）；“5*4+25*2+5*4”（90 个时间间隔）等，增大间隔数，判断哪个结果合适，运行方法如下：

```
cd /media/lhl/8tb/XXQ/demography/xqq_demography/msmc
```

进入“CoalQC”运行结果目录“msmc”，然后运行：

```
/media/lhl/8tb/software/msmc2_linux64bit -p 1*2+15*1+1*2 -o second-1.hm *.hm.mask.bed.txt
```

其中“-o”后面是结果前缀名，读者可以根据自己的要求更改；“*.hm.mask.bed.txt”是指“msmc”目录下所有后缀名为“.hm.mask.bed.txt”的文件，不用更改。本例运行的结果文件是“second-1.hm.final.txt”，其中“second-1.hm”为前缀名。生成的结果可用上面提到的R程序（图132）重新作图查看。

# 第九章　群体重测序个体的 SNP 查找

SNP 查找工具很多，这里介绍的是“dDocent”程序，下载地址是 https://github.com/jpuritz/dDocent。“dDocent”本身是一个命令集，主要利用“freebays”(https://github.com/freebayes/freebayes)进行 SNP 查找。我对“dDocent”中的命令进行了一些修改，读者可以在我的网站下载修改的程序“dDocent_revised”。

运行“dDocent”程序之前，需要准备基因组文件和不同种群个体重测序文件（图 134），把这些数据和“dDocent”程序放在同一个文件夹下。准备好数据，还需要安装一些依赖程序，包括“bedtools”(其中包括“bamToBed”和“coverageBed”)、“bwa”、“freebayes”、“gnuplot”、“mawk”、“parallel”、“sambamba”、“samtools”、“sickle”、“vcftools”、“vcflib”(其中包括“vcfcombine”和“vcffilter”)和“pysam”，这些都可以通过“conda”进行安装。命令如下：

```
conda config --add channels defaults
conda config --add channels conda-forge
conda config --add channels bioconda
conda install pysam
conda install -c bioconda bedtools bwa freebayes gnuplot mawk sambamba samtools sickle vcftools vcflib
conda install -c conda-forge parallel
```

添加“conda”镜像，安装依赖程序，然后运行：

```
cd /media/psdz/data/dDocent
./dDocent_revised
```

执行“dDocent”命令，输入相关信息（图 135）。在“dDocent”运行中需要注意的是，如果处理的个体数量非常多，文件也很大，那么生成的中间文件会占用大量的硬盘空间，导致运行时硬盘空间不够，程序终止。这时，可以逐步删除在运行过程中生成的中间文件，清空“回收站”，释放空间。例如，在原始数据过滤中，如果已经完成以“.R1.fq”和“.R2.fq”为后缀名的文件，对应的以“.F.gz”和“.R.gz”为后缀名的文件可以删除（注意一定是“.R1.fq”和“.R2.fq”完全生成后才能删除“.F.gz”和“.R.gz”文件，而不是一出现“.R1.fq”和“.R2.fq”文件就删除“.F.gz”和“.R.gz”文件，这是因为命令可能还没有完全执行完，还在处理数据过程中）；如果之后完成了以“.bam”和“.bam.bai”为后缀名的文件，对应的以“.R1.fq”和“.R2.fq”为后缀名的文件可以删除；如果完成了以“-RG.bam(bai)”为后缀名的文件，对应的“.bam”和“.bam.bai”也可以删除；完成“cat-RRG.bam”文件后，所有的以“-RG.bam”和“-RG.bam.bai”为后缀名的文件可以删除（但注意其中以“split”开头的“.bam”文件不要删除）。另外，读者也可以运行“dDocent_revised-1”程序，它和“dDocent_revised”的不同在于原始数据过滤后生成的是一个压缩文件，即“.R1.fq.gz”和“.R2.fq.gz”，节约硬盘空间，运行方式“./ dDocent_revised-1”。当然，在运行中还可以逐步删除中间文件。

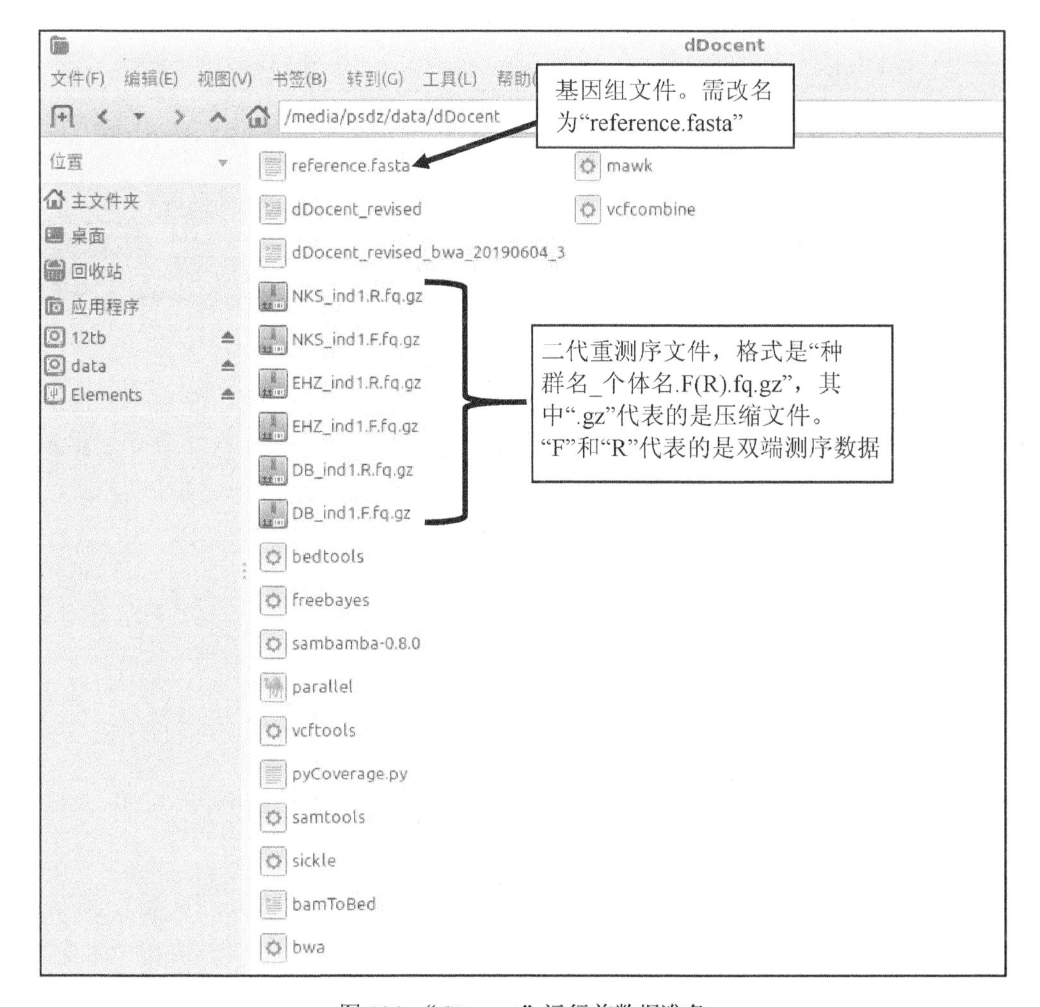


图 134　“dDocent”运行前数据准备

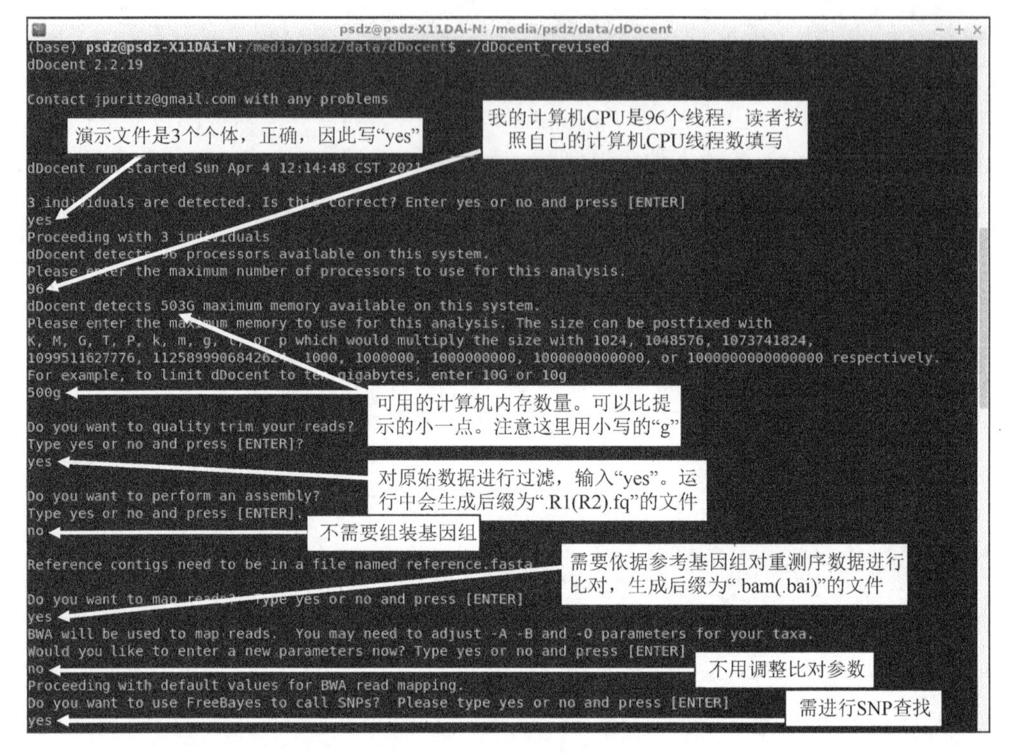


图 135 “dDocent”程序运行前的信息询问

这里提醒一下，如果个体很多，建议在完成所有的以“split”开头的“.bam”文件后，终止“dDocent_revised”运行（键盘上同时按下 CTRL+C，就是终止程序命令），把以“split”开头的文件和对应的以“mapped”开头的文件拷贝出来，打开不同的 LX 终端窗口以及不同的计算机进行运算，例如：

freebayes -b split.1.bam -t mapped.1.bed -v raw.1.vcf -f reference.fasta -m 5 -q 5 -E 3 --min-repeat-entropy 1 -V --populations popmap -n 10

“split.1.bam”文件在一个 LX 终端运行，之后打开另一个 LX 终端，运行：

freebayes -b split.2.bam -t mapped.2.bed -v raw.2.vcf -f reference.fasta -m 5 -q 5 -E 3 --min-repeat-entropy 1 -V --populations popmap -n 10

运行“split.2.bam”。类似的，依次打开不同的终端，运行不同的以“split”开头的“.bam”文件。如果计算机数量足够，可以再把一些以“split”开头的“.bam”文件拷贝到另外一些计算机上运行，即同时进行多个文件的处理（并行计算），加快运算进度。上述“freebayes”命令中，“-b”后面是后缀名为“.bam”的文件；

“-t”后面是对应“.bam”的“.bed”文件，“.bed”文件中的内容是需要进行 SNP 查找的染色体区段；“-v”后面是输出的结果名字；“-f”后面是组装的基因组文件；“-m 5 -q 5 -E 3 --min-repeat-entropy 1 -V”和“-n 10”这些参数不用调整；“--populations”后面的“popmap”是文件“dDocent_revised”在运行中生成的。

所有的“split”文件执行完成后，需要把所有以“raw”开头的“.vcf”文件合并成一个文件，可使用“cat”命令。这里要注意的问题是，因为每个以“raw”开头的“.vcf”文件前几十行都是说明信息（每行以“#”开头，见第二章），除了“raw.1.vcf”文件中的说明行信息不用删除，其他“raw.2.vcf”、“raw.3.vcf”等文件中的这些说明行需要删除，可以用“grep –v “#””命令，即把不是以“#”开头的行提取出来（如“grep –v “#” raw.2.vcf > raw.2.new.vcf”）。之后再进行合并，如“cat raw.1.vcf raw.2.new.vcf raw.3.new.vcf … > TotalRawSNPs.vcf”。另一个问题是，如果计算机内存较小，有时执行“freebayes”会中断，则需要用内存更大的计算机进行处理。我的经验是 512G 内存是够用的，128G、256G 内存容量的计算机在执行某个“split”文件时都有可能中断。

“dDocent”运行结束会生成“TotalRawSNPs.vcf”文件（如果读者的文件名不是这样，请修改文件名），把它和“popmap”拷贝到“SNP-filter”文件夹下（图 136），然后运行我编写的“ddocent-filter_revised”程序就可以完成低质量 SNP 的过滤。

“ddocent-filter_revised”程序参考了 http://www.ddocent.com/filtering/网站关于 SNP 过滤的内容，运行过程中调用了“dDocent_filters”和“filter_hwe_by_pop.pl”两个命令。这两个命令在“dDocent”程序中，下载“dDocent”(https://github.com/jpuritz/dDocent）后，可以在其“scripts”目录下找到。注意，这两个文件也需拷贝到“SNP-filter”目录下，和“TotalRawSNPs.vcf”、“popmap”在同一个目录下（图 136）。“ddocent-filter_revised”在低质量 SNP 过滤结束后又进行了 SNP 哈迪-温伯格平衡（Hardy-Weinberg equilibrium，HWE）检验（哈迪-温伯格平衡请参考《分子生态学与数据分析基础》一书中的介绍），自动过滤偏离哈迪-温伯格平衡的位点。读者可登录 http://www.ddocent.com/filtering/网站进一步了解 SNP 过滤的原理。

完成数据和程序文件准备后，在“SNP-filter”目录下运行：

```
chmod 777 *
```

这个命令使得“SNP-filter”文件夹下的程序可执行，“*”是所有文件的意思。然后执行“./ddocent-filter_revised”，就可以完成低质量 SNP 的过滤。注意这个程序只适用于利用“freebays”程序得到的结果。在“ddocent-filter_revised”运行过程中会出现两次对话命令，这是询问最大测序深度（出现过大测序深度的 SNP 位点有可能是错误的）（图 137，图 138）。程序会自动提供一个值，可以使用这个值，即不用修改，输入“no”；也可以输入“yes”，手动输入一个数值，可以是图中横坐标的最大值。最后生成的文件名为“FINAL.HW.vcf”。程序运行完成后，生成的中间文件可以删除。

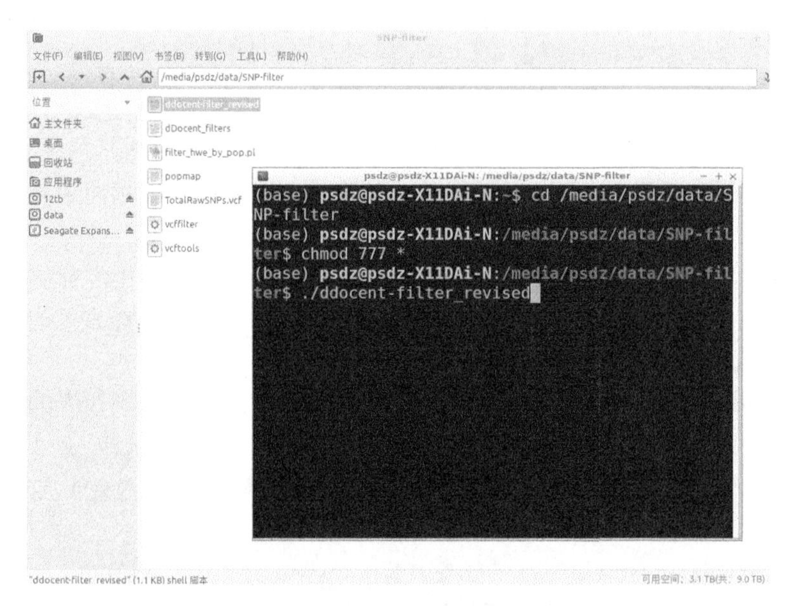


图 136　过滤低质量 SNP 时的文件准备

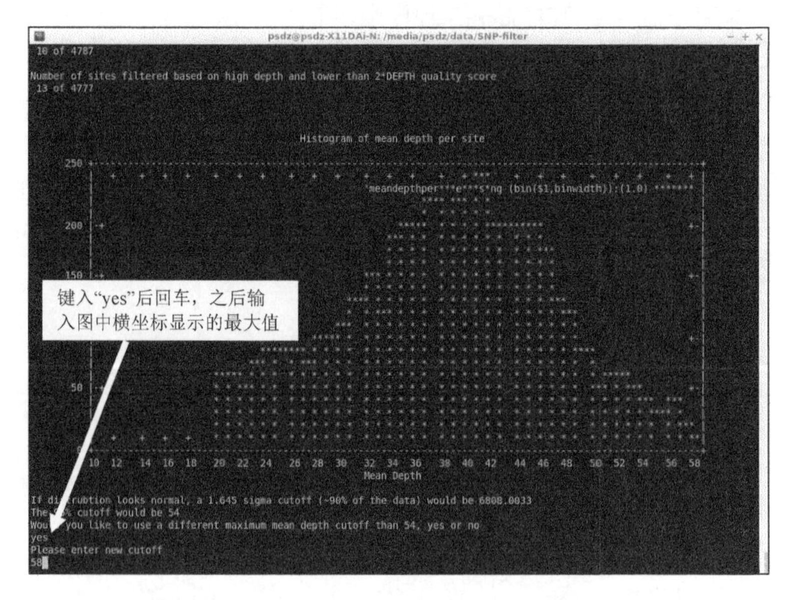


图 137　SNP 过滤过程中对测序深度阈值筛选—1

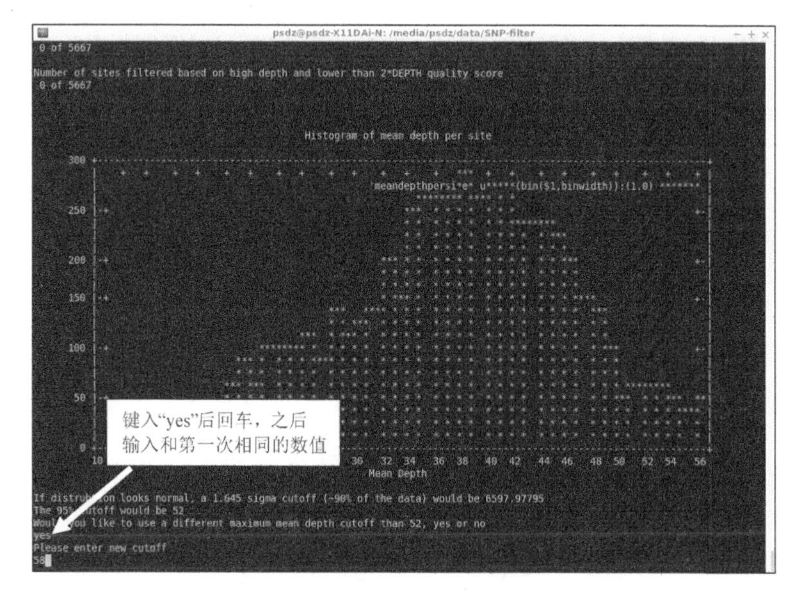


图 138　SNP 过滤过程中对测序深度阈值筛选—2

之后，还需要对 SNP 位点进行连锁不平衡（linkage disequilibrium，LD）位点过滤（LD 请参考《分子生态学与数据分析基础》一书中的介绍），即过滤掉高度连锁的 SNP 位点。由于分析的个体来自不同种群，因此需要根据不同种群进行 LD 过滤，即每个种群各自进行 LD 过滤，而不是把所有个体混在一起进行总体过滤。有高度连锁的位点是在每个种群都出现的位点，去除它们即可。使用“plink”程序进行 LD 过滤，“plink”程序的下载地址为 https://www.cog-genomics.org/plink2/（图 139），下载后拷贝到和“FINAL.HW.vcf”文件同一个目录下。在进行 LD 过滤前，需要对“FINAL.HW.vcf”文件中的染色体号进行修改，以免后续分析时产生错误。方法如下：

```
cd /media/psdz/data/SNP-filter
```

进入“/media/psdz/data/SNP-filter”目录，然后运行：

```
sed "s/^CHR/GGCHR/g" FINAL.HW.vcf >FINAL.HW.changeCHR.vcf
```

其中“sed”是行处理命令；“s”是替换；“^”代表只查找每一行开头列（即第 1 列）匹配的字符；“^CHR/GGCHR”是把每一行开头是“CHR”的字符串替换为“GGCHR”字符串；“g”代表对所有的行都进行操作，结果如图 140 所示。为何要进行这个字符串的替换呢?因为在下面进行 LD 过滤时，“plink”程序会自动把

“CHR”这个字符串替换为空白字符，或者把不足 5 个字符的染色体名字用空格填充（如“GCHR”会变为“ GCHR”，“G”前面多了一个空格），导致之后的分析产生错误。如果读者的“FINAL.HW.vcf”文件不存在这个问题，就不用处理这一步。

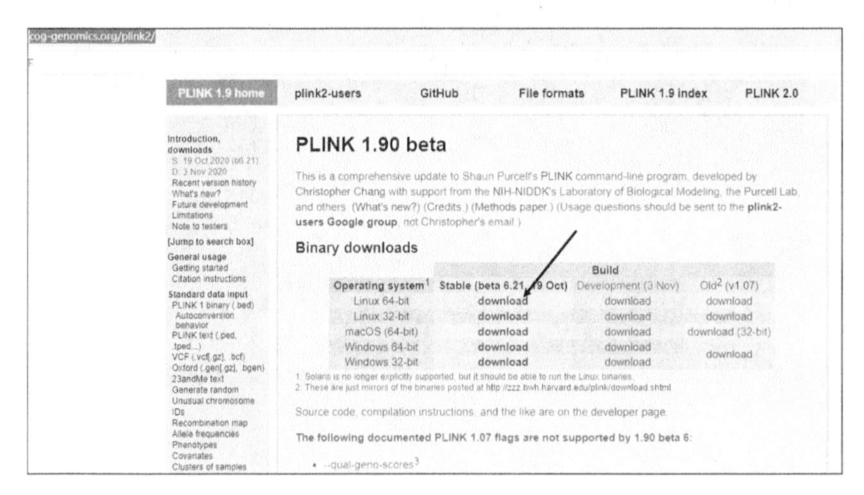


图 139 “plink”程序下载

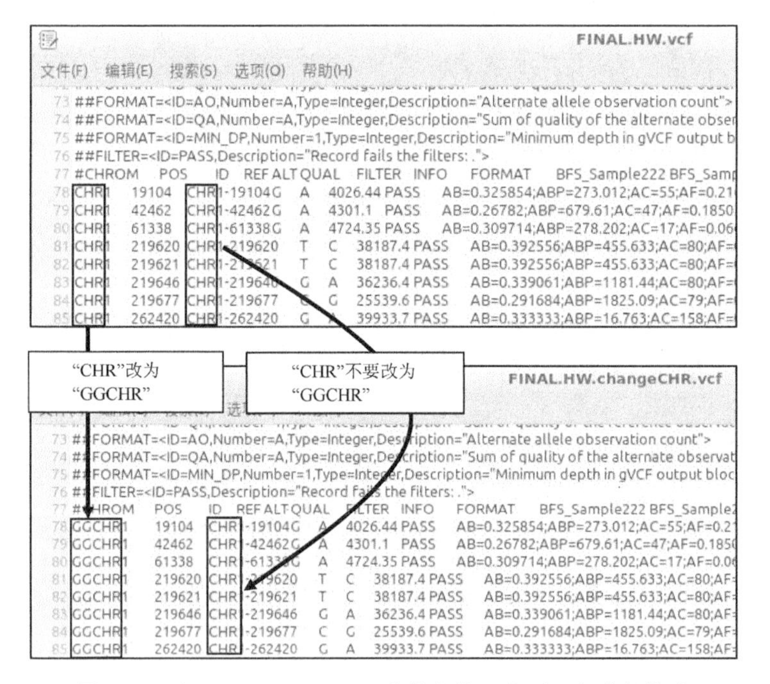


图 140 对“FINAL.HW.vcf”中染色体（序列）名进行修改

之后，打开“popmap”文件，这是上一步运行“dDocent”进行 SNP 查找时生成的，文件内容是个体名字和所在的种群。利用这个文件生成各个种群单独的文件，用于 LD 过滤分析。例如，先对 EHZ 种群进行 LD 过滤分析，把包含 EHZ 种群的个体信息复制后拷贝到 EHZ 文件中（图 141~图 146）（这是在“OSGeoLive -13.0”版本下操作的，“OSGeoLive-14.0”版本操作过程类似），然后执行如下命令：

```
cd /media/psdz/data/SNP-filter
```

进入“/media/psdz/data/SNP-filter”目录，然后运行：

```
vcftools --vcf FINAL.HW.changeCHR.vcf --keep EHZ --recode --recode-INFO-all --out EHZ
```

这个命令是把“FINAL.HW.changeCHR.vcf”中包含 EHZ 种群的个体抽提出来生成新的“.vcf”文件，“--out”后面是输出结果文件的前缀名，读者可根据自己的要求更改。之后运行：

```
./plink --vcf EHZ.recode.vcf --r2 inter-chr --out EHZ_LD --allow-extra-chr --ld-window-r2 0.2 -double-id --vcf-half-call m --threads 96
```

其中“EHZ.recode.vcf”是上一步生成的结果文件，“--r2”是指 LD 用 $r^2$（LD 相关系数）计算；“inter-chr”是对所有两两位点进行 LD 分析；“--out”表示输出的结果前缀名为“EHZ_LD”；“--allow-extra-chr”是包含所有染色体；“--ld-window-r2 0.2”是指只输出 LD 大于 0.2 的结果，一般认为两两位点 $r^2$ 值大于 0.8 就表示有很强的连锁关系，而这里用 0.2 就是为了保证位点间尽量没有连锁关系，这个值还可以更小；“-double-id”用于避免重名错误；“--vcf-half-call m”是把不完整的 SNP 位点（如“A/?”这种情况）设为缺失；“--threads 96”是设置计算机的线程数，读者可以根据自己的计算机线程数进行修改。之后运行：

```
sed 's/ */ /g' EHZ_LD.ld | cut -d " " -f 3 >EHZ_LD.1.ld
```

首先查看“EHZ_LD.ld”内容（图 147 中“1”指示的文件及其内容），这里是要将其中的第 3 列抽提出来，但第 1 列、第 2 列和第 3 列之间的间隔为数量不等的空格，因此采用“/ */ /”这个方式（注意“*”前面有个空格。“*”是通配符，这里代表所有空格，不论几个）把不同数量的空格全部转为统一的一个空格；“|”

是管道的意思，就是把前一个命令的结果直接输送到第二个命令中；“cut”是提取列的命令；“-d " "”代表了列和列之间的分隔符号是空格（“cut”默认的分隔符号是“Tab”键；如果列和列之间的分隔符号是逗号，就用“-d " ,"”）；“-f 3”代表的是第 3 列。为何把第 3 列抽提出来呢？因为“EHZ_LD.ld”文件中第 3 列和第 6 列是两两 SNP 位点 LD 相关系数大于 0.2 的位点对，如果把第 3 列这些位点去掉就保证了位点间不存在 LD 相关系数大于 0.2，也就是去掉了有 LD 的 SNP 位点。抽提出第 3 列后，运行：

```
uniq EHZ_LD.1.ld >EHZ_LD.2.ld
```

“uniq”命令用于去重复。在用“uniq”命令之前，一般先要用“sort”命令对数据进行排序，但当前这个结果是按照顺序输出的，不需要排序。

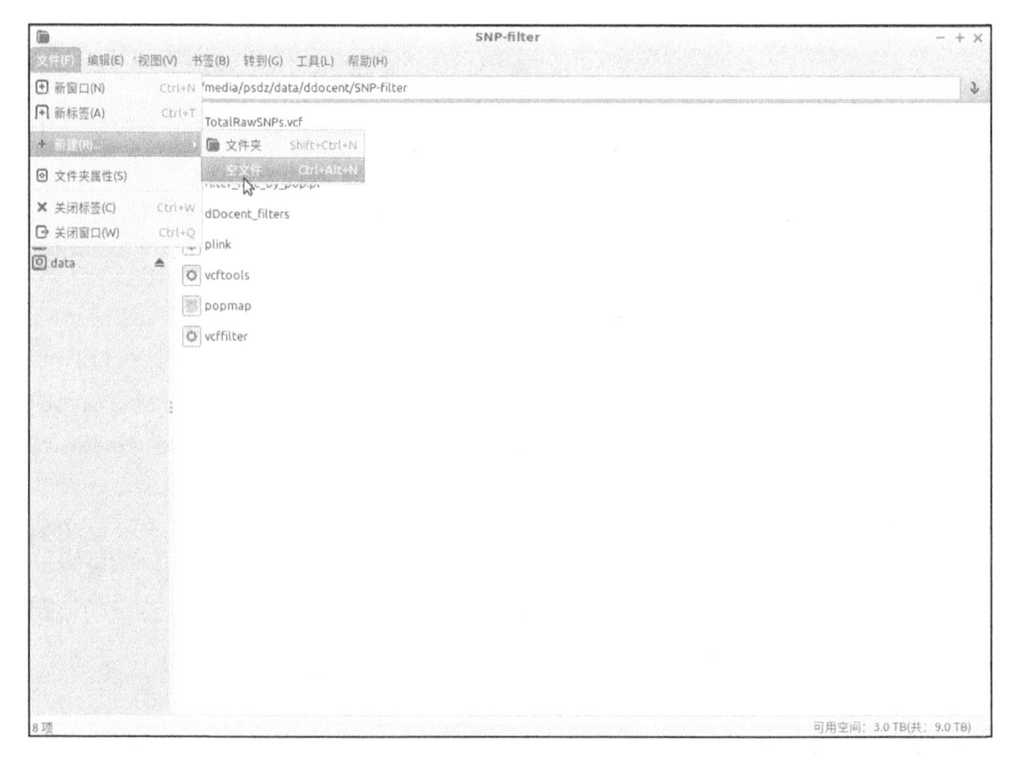


图 141 创建一个文件—1

处理完 EHZ 种群后，“popmap”文件中还有其他种群，可以按照上述步骤依次完成这些种群的 LD 过滤。需要注意的是，在运行“plink”命令时，有时生成的“.ld”文件会非常大，硬盘空间不够，这时读者可以分解染色体，逐个染色体进行分析，先去除一部分连锁的位点，减少位点数，再整体进行过滤；

图 142　创建一个文件—2

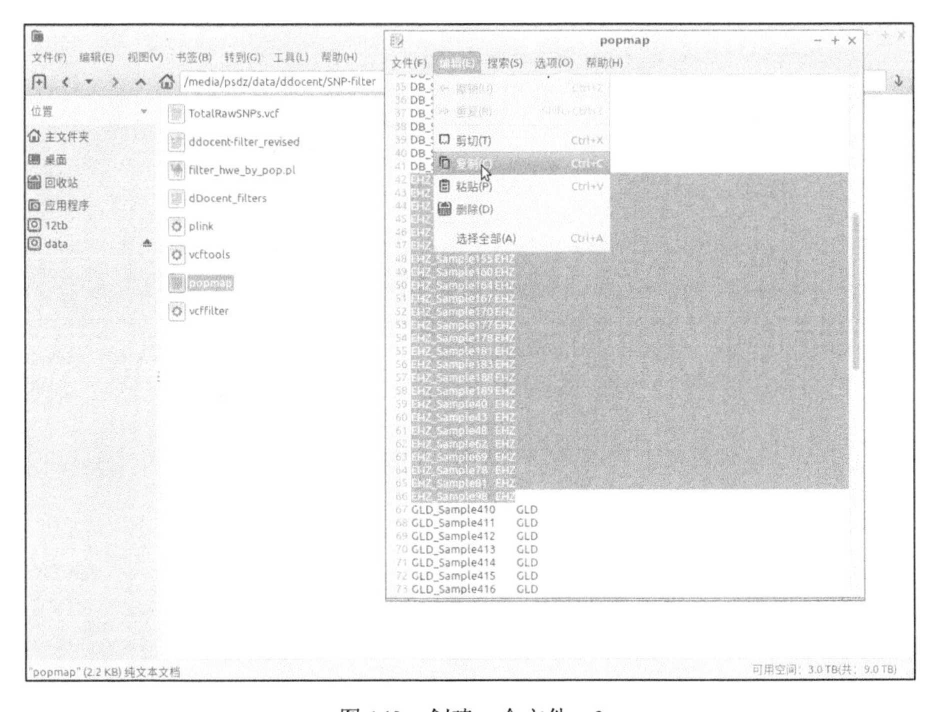


图 143　创建一个文件—3

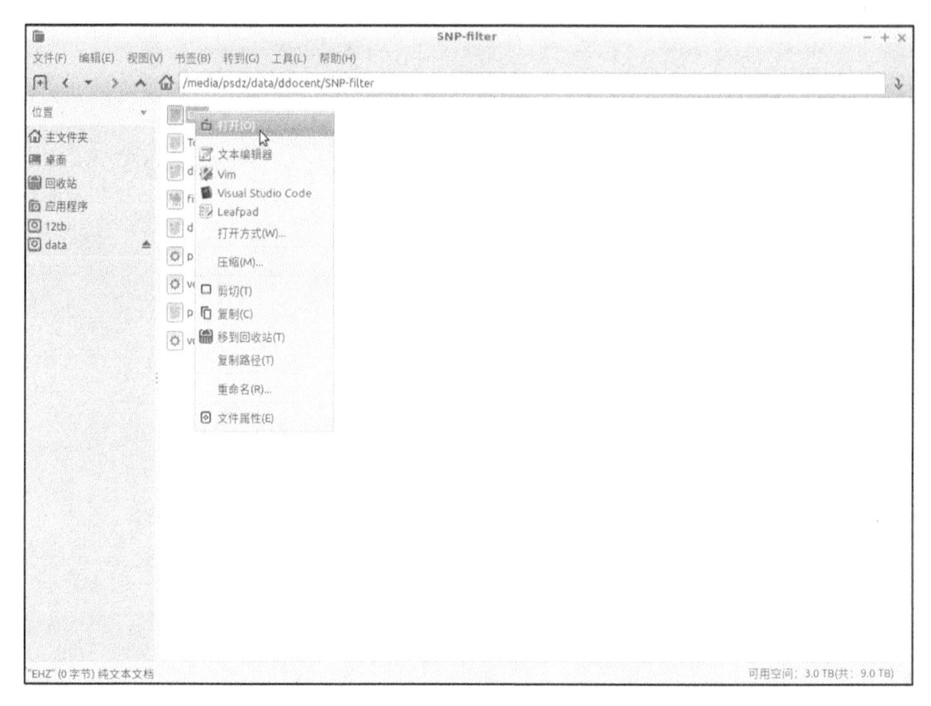


图 144　创建一个文件—4

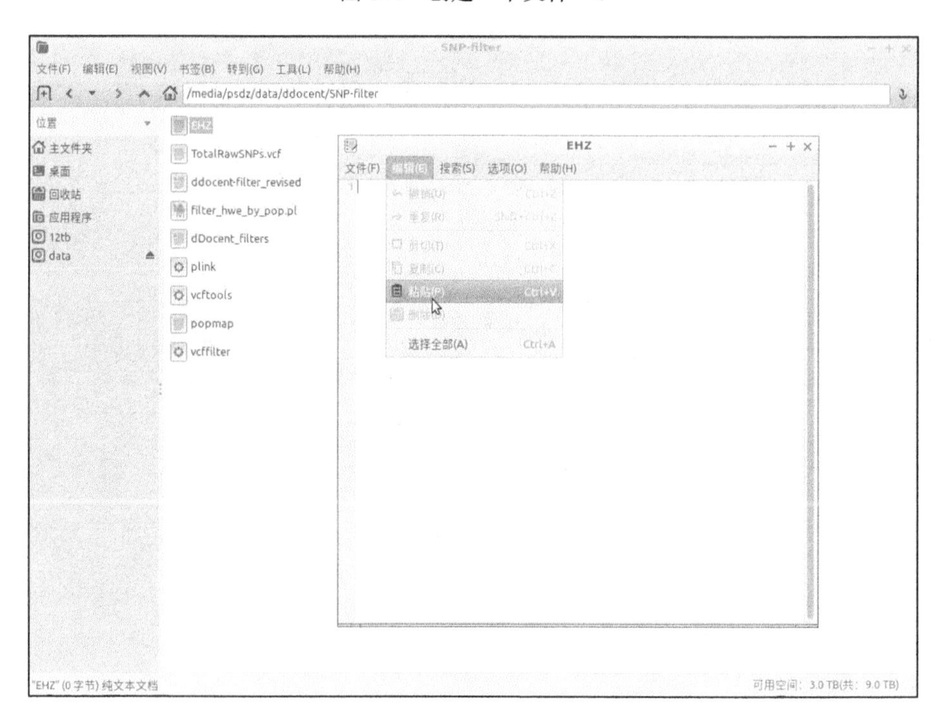


图 145　创建一个文件—5

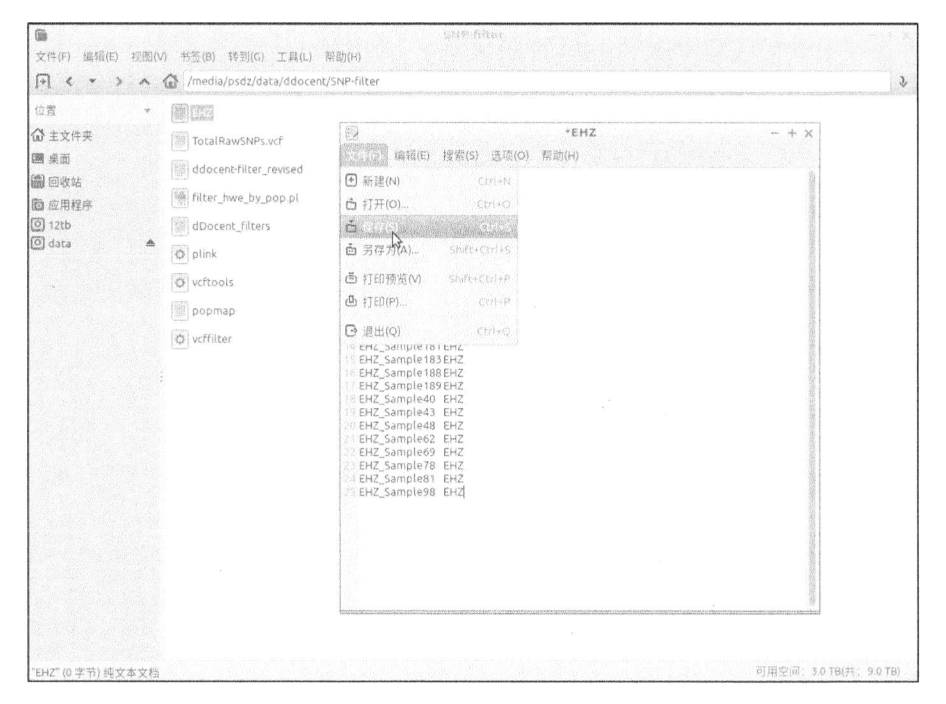


图 146　创建一个文件—6

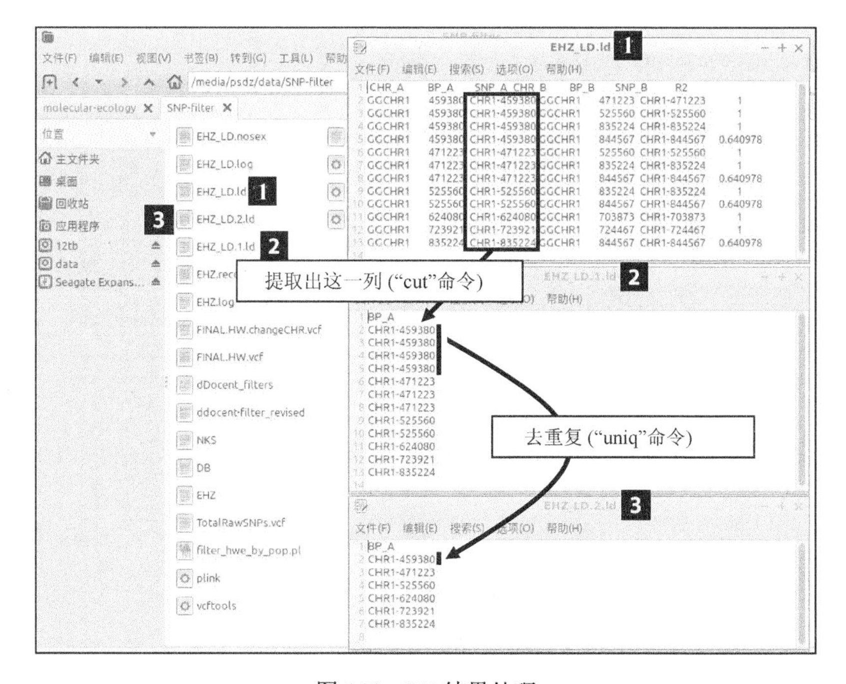


图 147　LD 结果处理

或者利用“--ld-window n”（这个参数限定了一个 SNP 位点最多和“*n*”个其他 SNP 位点进行 LD 分析）和“--ld-window-kb”参数（默认值为“1Mb”，即只对距离在“1Mb”之内的 SNP 位点进行分析），如“./plink --vcf EHZ.recode.vcf --r2 --ld-window 1000 --out EHZ_LD --allow-extra-chr --ld-window-r2 0.2 -double-id --vcf-half-call m --threads 96”。即采用局部的方式一部分一部分进行，减少位点数，再整体进行过滤。

分种群处理完后，汇总结果，把在所有种群都出现的 SNP 位点抽提出来，命令如下（以 EHZ、DB 和 NKS 3 个种群的结果为例），首先运行：

```
cd /media/psdz/data/SNP-filter
```

进入“/media/psdz/data/SNP-filter”目录，然后运行：

```
grep -f EHZ_LD.2.ld DB_LD.2.ld >t.1
```

“grep”是提取行命令；“-f EHZ_LD.2.ld DB_LD.2.ld”是指从“DB_LD.2.ld”文件内容中抽提出与“EHZ_LD.2.ld”文件中内容相同的部分，结果输送到“t.1”文件中。之后运行：

```
grep -f t.1 NKS_LD.2.ld >t.2
```

再从“NKS_LD.2.ld”文件中抽提出与“t.1”文件内容相同的部分，结果输送到“t.2”文件中。由于测试的文件比较小，这一步之后没有找到相同的 SNP 位点，因此“t.2”文件是空的。这些“grep”步骤是为了找到在所有种群都出现 LD 的位点，在后续分析中去除这些位点即可。虽然“t.2”是空文件，但为了演示下面的命令，采用“t.1”结果继续进行处理，执行下面的命令：

```
sed "s/-/\t/g" t.1 >t.4
```

把“t.1”中的“-”符号替换成制表符（TAB 键），然后运行：

```
vcftools --vcf FINAL.HW.vcf --exclude-positions t.4 --recode --recode-INFO-all --out FINAL.HW.LD
```

把“t.4”中 SNP 位点（代表有连锁的位点）从“FINAL.HW.vcf”文件中去除，注意这里采用的不是“FINAL.HW.changeCHR.vcf”文件，这是因为“FINAL.HW.changeCHR.vcf”更改了染色体名称，和“t.4”中不同（读者如果没有执行改染色体名称的命令就不用理会，自行选择正确的“.vcf”文件）。

一个值得注意的问题是，由于有些位点在种群间有变异，但种群内没有变异，如某个 SNP 位点在种群 A 的 5 个个体（采样量为 5 个个体）中的基因型分别为 A/A、A/A、A/A、A/A、A/A，种群内没有变异；在种群 B 的 8 个个体（采样量为 8 个个体）中的基因型分别为 T/T、T/T、T/T、T/T、T/T、T/T、T/T、T/T，种群内也没有变异，但种群 A 和种群 B 这个位点是有变异的，由于我们是分种群计算的，同时“plink”进行 LD 计算时只考虑多态位点，没有变异的位点不进行计算，因此，如果出现这种状况，我建议从每个种群中找出种群内没有变异的位点，把这些位点与各自种群的“.2.ld”文件中的位点合并，再进行后续的过滤分析。

# 第十章　遗传多样性参数计算

遗传多样性参数包括观察杂合度、期望杂合度和核苷酸多样性（nucleotide diversity）。观察杂合度、期望杂合度在《分子生态学与数据分析基础》一书中有介绍，核苷酸多样性计算公式可参考 Korunes 和 Samuk（2021）的文献[①]。

首先计算观察杂合度、期望杂合度，这里用到“vcftools”和“plink”两个程序，前文有介绍。同时我编写了一个文件名为“HO-HE_BASH”的程序（这是一个“bash”脚本程序），利用上面得到的“.vcf”文件（LD 过滤后的文件）和“popmap”文件，直接就可以得到相关结果。首先创建一个名为“genetic_diversity”的目录，将“plink”、“HO-HE_BASH”以及“.vcf”文件和“popmap”文件拷贝到这个目录下，然后运行：

```
bash HO-HE_BASH FINAL.HW.LD.recode.vcf popmap 32
```

其中“bash”是执行“bash”文件的意思，“FINAL.HW.LD.recode.vcf”是 LD 过滤后得到的 SNP 文件；“popmap”是运行“dDocent”查找 SNP 生成的文件（文件内容是种群及采样个体）；“32”是计算机线程数，读者按照自己的计算机线程数进行修改。“HO-HE_BASH”运行后的结果文件为“HO.HE.5”（图 148），其中第 1 列是种群名称。同时生成一个“final.nohalf.vcf”文件，用于下面核苷酸多样性的计算。

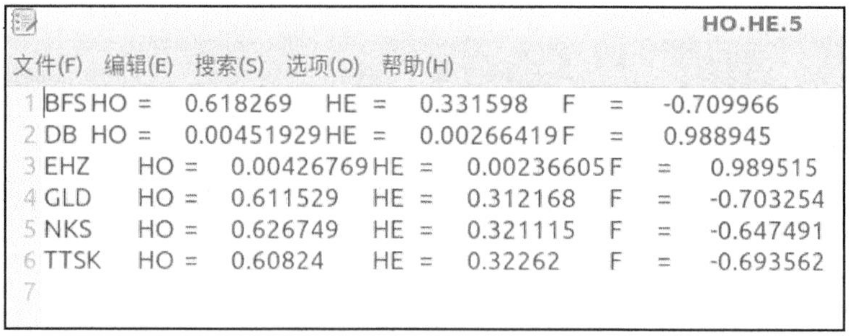

HO.HE.5

文件(F)　编辑(E)　搜索(S)　选项(O)　帮助(H)

```
1 BFS HO =  0.618269    HE =  0.331598    F  =  -0.709966
2 DB  HO =  0.00451929  HE =  0.00266419  F  =  0.988945
3 EHZ     HO =  0.00426769  HE =  0.00236605  F  =  0.989515
4 GLD     HO =  0.611529    HE =  0.312168    F  =  -0.703254
5 NKS     HO =  0.626749    HE =  0.321115    F  =  -0.647491
6 TTSK    HO =  0.60824     HE =  0.32262     F  =  -0.693562
7
```

图 148　观察杂合度、期望杂合度和近交系数计算结果

① Korunes K L, Samuk K. 2021. Pixy: unbiased estimation of nucleotide diversity and divergence in the presence of missing data. Molecular Ecology Resources, 21: 1359-1368.

关于核苷酸多样性分析这里介绍“pixy”程序(https://github.com/ksamuk/pixy)，它利用第九章生成的“.vcf”文件进行分析，但也需要组装的基因组文件，把它们共同拷贝到同一个目录下。首先进行“pixy”程序安装，用“conda”命令，运行如下：

```
conda create -n pixy
conda activate pixy
conda install -c conda-forge pixy
conda install -c bioconda htslib
```

创建一个名为“pixy”的环境，进入“pixy”环境，安装“pixy”和“htslib”程序。“pixy”程序运行还需要调用“samtools”程序，因此设置针对“samtools”的环境变量：

```
export PATH="/media/psdz/12tb/software/samtools-1.9:$PATH"
```

然后先执行我编写的“bash”文件“BED_BASH”：

```
bash BED_BASH genome.fasta
```

其中“genome.fasta”是组装的基因组文件，命令执行完成后生成一个文件名为“bedfile”的文件。这里注意，读者要查看后缀名为“.vcf”的文件和“bedfile”中的序列名是否一致，如图 149 所示，如果不一致需要修改。例如，我的“final.nohalf.vcf”文件中部分染色体序列的名字是以“GGG”开头，而“bedfile”文件中则不是，需要更改使得两个文件一致。如果读者的文件不存在这个问题，就无须操作这一步。之后执行：

```
bgzip final.nohalf.vcf
tabix final.nohalf.vcf.gz
```

把“HO-HE_BASH”执行得到的“final.nohalf.vcf”进行压缩，然后再建立索引。之后执行“pixy”程序：

```
pixy --stats pi fst dxy --vcf final.nohalf.vcf.gz --populations popmap --n_cores 32
--output_folder output --output_prefix pixy_output --bypass_invariant_check yes
--bed_file bedfile
```

其中“--stats”后面是要分析的内容，包括种群内核苷酸多样性、种群间的遗传分化、种群间核苷酸多样性；“--vcf”后面是压缩后的“.vcf”文件；“--populations”后面是“dDocent”运行后生成的“popmap”文件；“--n_cores”后面是计算机线程数；“--output_folder”和“--output_prefix”分别是输出目录名和输出的结果名称前缀（读者不要修改，如果修改，后面的程序无法识别文件名），运行结束后，生成的结果被保存在了“output”目录下；“--bypass_invariant_check yes”这个参数无须修改；“--bed_file”后面是上面执行“bash BED_BASH”得到的“bedfile”文件。

进入“pixy”执行完成后生成的“output”目录下，把“popmap”文件拷贝到这个文件夹下，运行我编写的“PI_BASH”文件：

```
bash PI_BASH popmap
```

就得到每个种群的核苷酸多样性结果（图 150）。

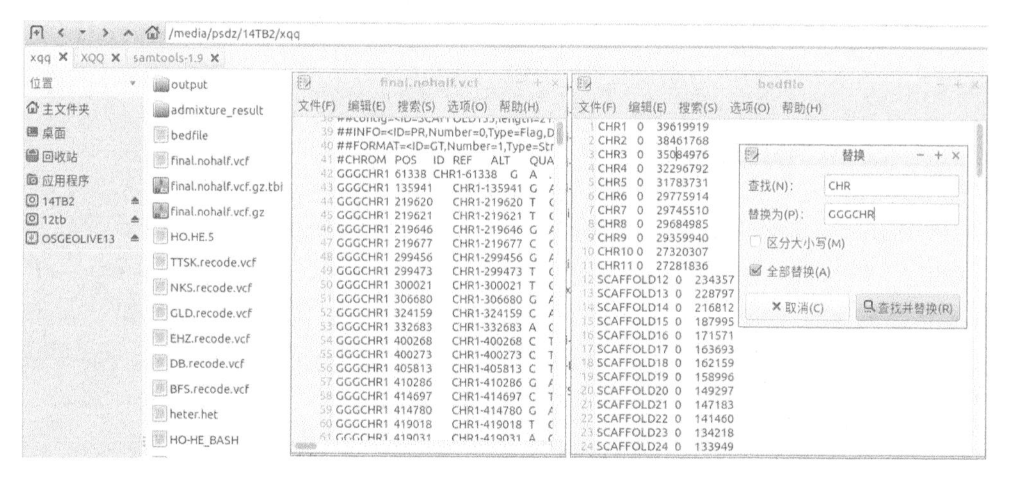


图 149　核对后缀名为“.vcf”的文件中序列名称和“bedfile”文件中序列名称是否一致

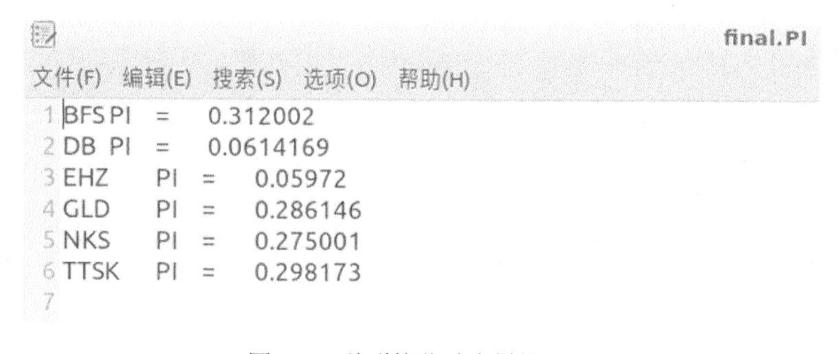


图 150　种群核苷酸多样性结果

如果想知道遗传多样性等指标在不同染色体区段的变化，可以先把只包含染色体长度信息的内容从“bedfile”文件（上面执行“bash BED_BASH”得到的结果）中提取出来（图 151），生成一个新文件，名为“bed”，进入这个文件所在的目录，然后运行我编写的“bash”程序“bed_for_pixy_BASH”（注意，要把这个文件也拷贝到“bed”文件所在的目录下）：

```
bash bed_for_pixy_BASH 10000
```

其中“10000”就是每隔 10 000bp 生成一个长度间隔，这个数值也可以按照读者的分析需求改为其他值，如“20000”、“50000”等。然后把“.vcf”文件和“popmap”文件也拷贝到“bed”文件所在的目录下，运行：

```
pixy --stats pi fst dxy --vcf final.nohalf.vcf.gz --populations popmap --n_cores 32 --output_folder fst-window-100000 --output_prefix pixy_output --bypass_invariant_check yes --bed_file final.10000.bed
```

其中“--bed_file”后面是新生成的“.bed”文件；“--output_folder”输出的目录名称前缀和上面不同，不是“output”；“--output_prefix”输出的结果名称前缀还是“pixy_output”，读者不用修改。同样要注意“final.nohalf.vcf.gz”文件中的序列名称必须和“final.10000.bed”中的相同，如果不同就需要进行修改使两者相同（图 149）。之后运行：

```
cd /media/psdz/14TB2/BLS_Groups/genetic_diversity/fst-window-100000
```

进入生成的结果目录，运行：

```
sort -k2n -k3n pixy_output_pi.txt > pixy_output_pi.1.txt
sort -k2n -k3n pixy_output_dxy.txt > pixy_output_dxy.1.txt
sort -k2n -k3n pixy_output_fst.txt > pixy_output_fst.1txt
```

对 3 个输出结果进行排序，其中“2”和“3”分别指第 2 列和第 3 列（即先对第 2 列进行排序，在第 2 列排序的基础上对第 3 列进行排序），“n”是按照自然顺序排序。之后再运行我编写的“CHR_BASH”程序，生成各个染色体不同区段上的遗传多样性结果（这里以 10 000bp 为一个间隔），命令如下：

```
bash CHR_BASH pixy_output_pi.1.txt pixy_output_dxy.1.txt pixy_output_fst.1.txt
```

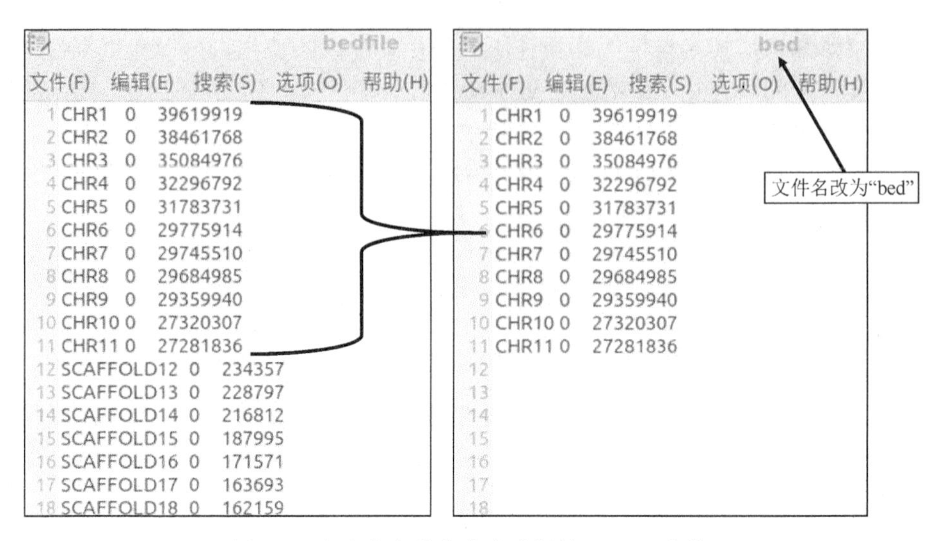


图 151　提取染色体信息生成新的“bed”文件

# 第十一章　受选择作用的 SNP 位点

## 第一节　PCAdapt 分析

PCAdapt 是一个 R 程序，https://bcm-uga.github.io/pcadapt/reference/pcadapt.html 网站上有使用说明。首先进行格式转换，把前面“vcf”格式的 SNP 文件转换为“PCAdapt”可识别的“.bed”格式文件。这里需要用到“plink2”程序（https://www.cog-genomics.org/plink/2.0/）（图 152），下载后，解压、更改文件属性（用“chmod 777 plinke2”命令），然后和“.vcf”文件（我的例子为“try.vcf”）放在同一个目录下，运行：

```
./plink2 --vcf try.vcf --max-alleles 2 --min-alleles 2 --allow-extra-chr --out try
--make-bed --keep-allele-order --vcf-half-call m --double-id
```

其中“--max-alleles 2 --min-alleles 2”是指只保留具有两个等位基因的 SNP 位点；运行结果生成“try.bed”、“try.fam”和“try.bim”3 个文件。然后利用“conda”创建一个名为“R4”的环境，安装“R”程序的 4.0.3 版本，再安装“PCAdapt”，命令如下：

```
conda create -n R4
conda activate R4
conda install -c conda-forge/label/cf202003 r-base=4.0.3
conda install -c r r-curl
conda install -c conda-forge r-gert r-httr r-gh
```

安装“R”和“PCAdapt”依赖程序，然后运行：

```
R
```

打开 R 环境，然后输入命令：

```
install.packages("devtools")
library("devtools")
```

```
install_github("jdstorey/qvalue")
install.packages("pcadapt")
```

安装分析中需要的程序，然后执行：

```
library("pcadapt")
library("qvalue")
path_to_file <- "/media/psdz/data/PCAdapt/try.bed"
filename <- read.pcadapt(path_to_file, type = "bed")
```

加载“pcadapt”和“qvalue”程序，输入上一步“plink2”生成的“.bed”文件。

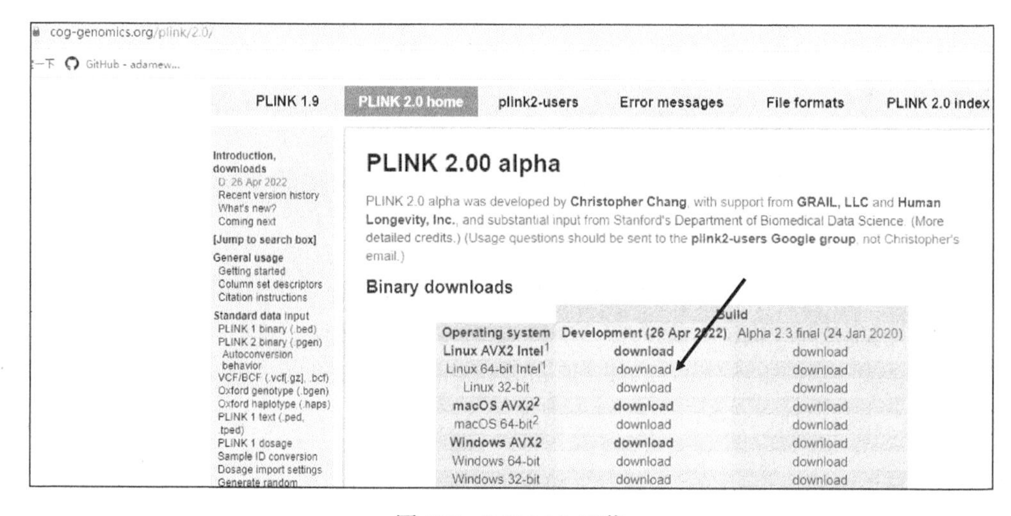


图 152 “plink2”下载

“PCAdapt”在查找受到选择作用的 SNP 位点前，要确定所分析个体合适的分组数，即选择主成分分析（principle component analysis，PCA）的合适降维轴数。可以尽量先用一个较大的分组数进行尝试，如本书例子中有 10 个种群，就选择 10 个组，运行如下命令：

```
x <- pcadapt(input = filename, K = 10)
```

然后有两个方法可以确定合适的分组数。第一个方法是做一个“screeplot”图，命令如下：

```
plot(x, option = "screeplot")
```

结果如图 153 所示。针对这个图，“PCAdapt”程序编写作者建议利用“Cattell's rule”进行判断，即从 $K$=1（即 PCA 第一轴）到 $K$=2（即 PCA 第二轴），$K$=2 到 $K$=3（即 PCA 第三轴）等分别进行直线连接，检查连接线从陡峭变为平缓时的 $K$ 值位置，这个 $K$ 值前一个 $K$ 值即为合适的分组值。从图 153 来看，连接线发生平缓时的 $K$ 值为 4，因此选择分组数为“3”。

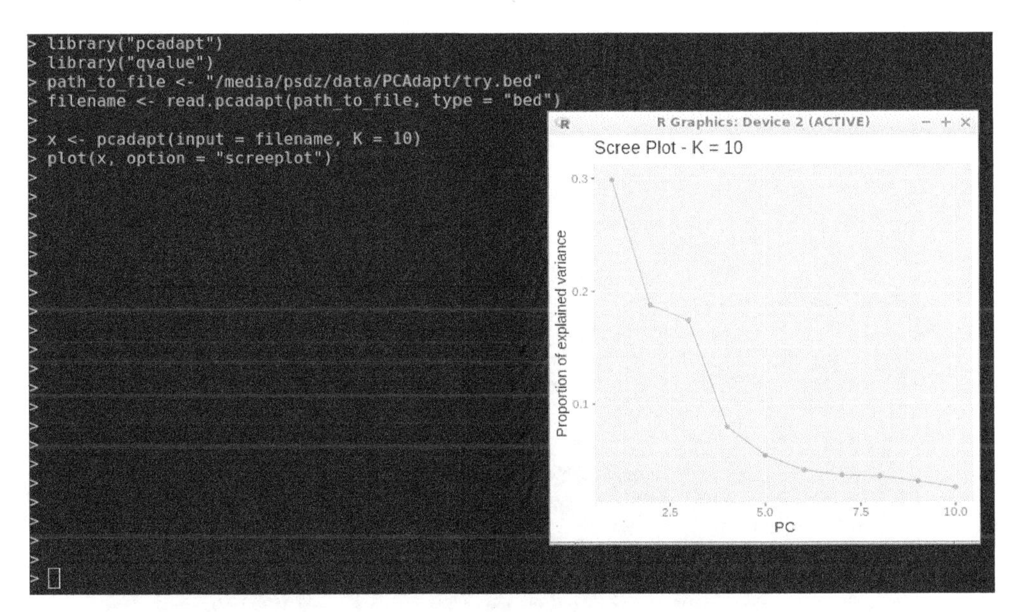


图 153　“screeplot”图用于判断分组数目

横坐标 PC 是指 PCA 轴数，纵坐标是指对应的 PCA 轴可以解释的变异比例。“Scree Plot-K=10”是指做“screeplot”图时最大的分组数

第二个方法是在 $K$ 值不同的情况下，查看个体之间的关联情况（散点图），命令如下：

```
plot(x, option = "scores", i = 1, j = 2)
plot(x, option = "scores", i = 1, j = 3)
plot(x, option = "scores", i = 1, j = 4)
plot(x, option = "scores", i = 1, j = 5)
```

这里采用的是 $K$=1 和 $K$=2 时的个体散点图、$K$=1 和 $K$=3 时的个体散点图、$K$=1 和 $K$=4（即 PCA 第四轴）时的个体散点图以及 $K$=1 和 $K$=5（即 PCA 第五轴）时的个体散点图。从图 154 中可以看出在第二轴个体之间有分化；图 155 显示第三轴个体之间也有分化，但趋于连续分布；本书没有显示 $K$=1 和 $K$=4 的结果；图 156 显示的是 $K$=1 和 $K$=5 的结果，可以看出在第五轴，个体之间没有明显的分化，呈连续分布（第一轴有分化，即左边两个个体和其他个体有明显的间隔），即没有种群结构（structure）。因此可以选择 $K$=2 或者 $K$=3 进行分析，我选择 $K$=2 继续分析，命令如下：

```
x <- pcadapt(filename, K =2)
qval <- qvalue(x$pvalues)$qvalues
alpha <- 0.01
outliers <- which(qval < alpha)
length(outliers)
```

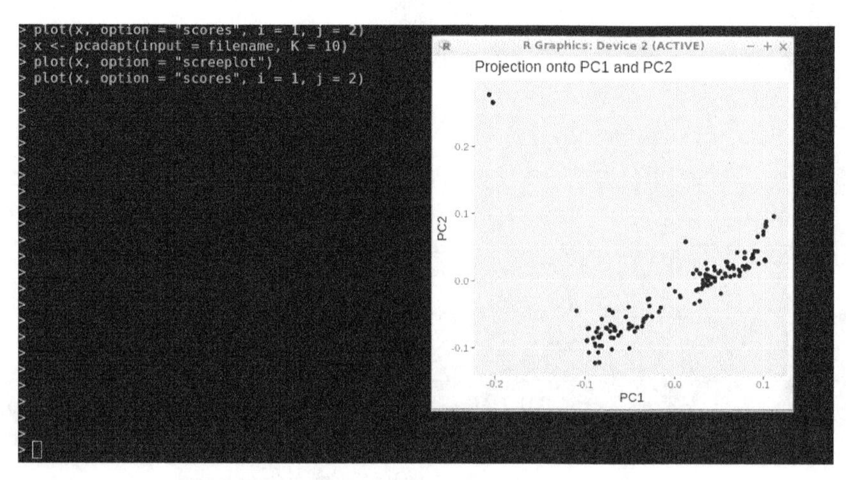


图 154　用于判断分组数的散点图—1

横坐标是 PCA 第一轴，纵坐标是 PCA 第二轴

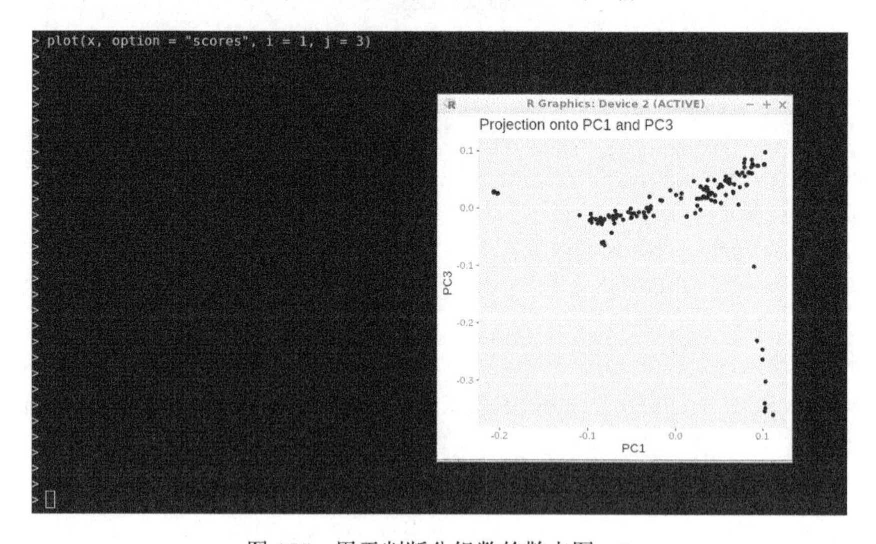


图 155　用于判断分组数的散点图—2

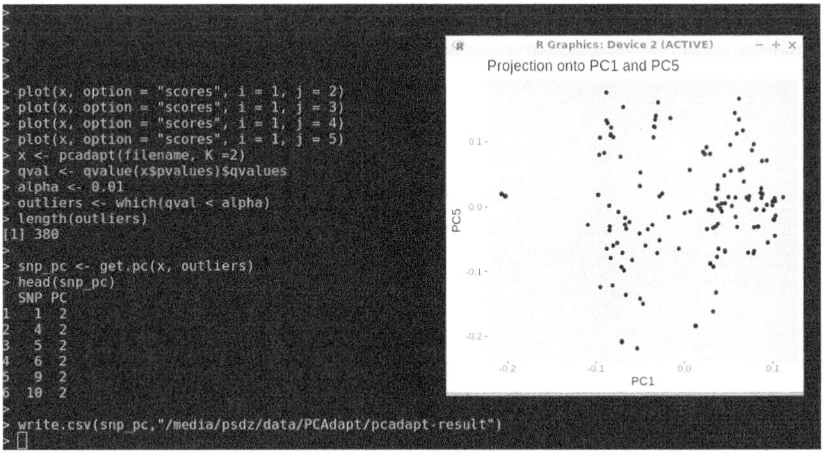

```
>
>
>
>
>
> plot(x, option = "scores", i = 1, j = 2)
> plot(x, option = "scores", i = 1, j = 3)
> plot(x, option = "scores", i = 1, j = 4)
> plot(x, option = "scores", i = 1, j = 5)
> x <- pcadapt(filename, K =2)
> qval <- qvalue(x$pvalues)$qvalues
> alpha <- 0.01
> outliers <- which(qval < alpha)
> length(outliers)
[1] 380
>
> snp_pc <- get.pc(x, outliers)
> head(snp_pc)
  SNP PC
1   1  2
2   4  2
3   5  2
4   6  2
5   9  2
6  10  2
>
> write.csv(snp_pc,"/media/psdz/data/PCAdapt/pcadapt-result")
>
```

图 156　用于判断分组数的散点图—3

受选择作用的位点被保存在了“outliers”变量里，“length”显示受到选择作用的位点数量。之后执行：

```
snp_pc <- get.pc(x, outliers)
write.csv(snp_pc,"/media/psdz/data/PCAdapt/pcadapt-result")
```

结果文件“pcadapt-result”输出到“/media/psdz/data/PCAdapt/”目录下。打开“pcadapt-result”(图 157)，可以看到内容有 3 列，第 1 列是序号，第 2 列是“PCAdapt”程序分析后得到的受到选择作用的 SNP 顺序号（对应后缀名为“.bim”文件中的 SNP 顺序），第 3 列说明受选择作用的 SNP 是在“PCA”第几轴。之后用下面的命令把“pcadapt-result”文件中包含 SNP 次序的这一列提取出来。首先退出 R 环境，进入“pcadapt-result”文件所在的目录，运行：

```
sed "s/\"//g" pcadapt-result >pcadapt-result.1
```

这个命令是把“pcadapt-result”文件中的“"”号去除，其中“\"”中的“\”是一个转义符，表示要替换的是引号，不要和两边的引号混淆。如果不加“\”，“sed”命令认为上面命令中有 3 个引号，就会报错。之后运行：

```
cut -d "," -f 2 pcadapt-result.1 >pcadapt-result.2
```

新生成的“pcadapt-result.1”文件在去除引号后，列和列之间是用逗号分开的，所以用“-d ","”这个参数，如果列和列之间使用“Tab”制表符分开，就不用写“-d”这个参数；“-f 2”代表提取出第 2 列。上述两步过程可参考图 158。

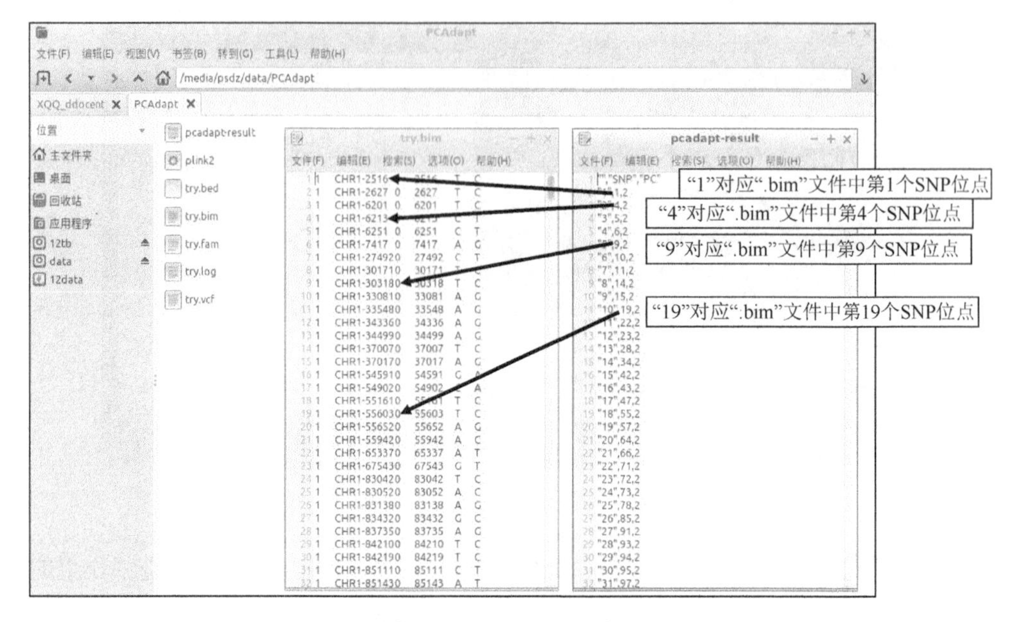


图 157 "PCAdapt"结果

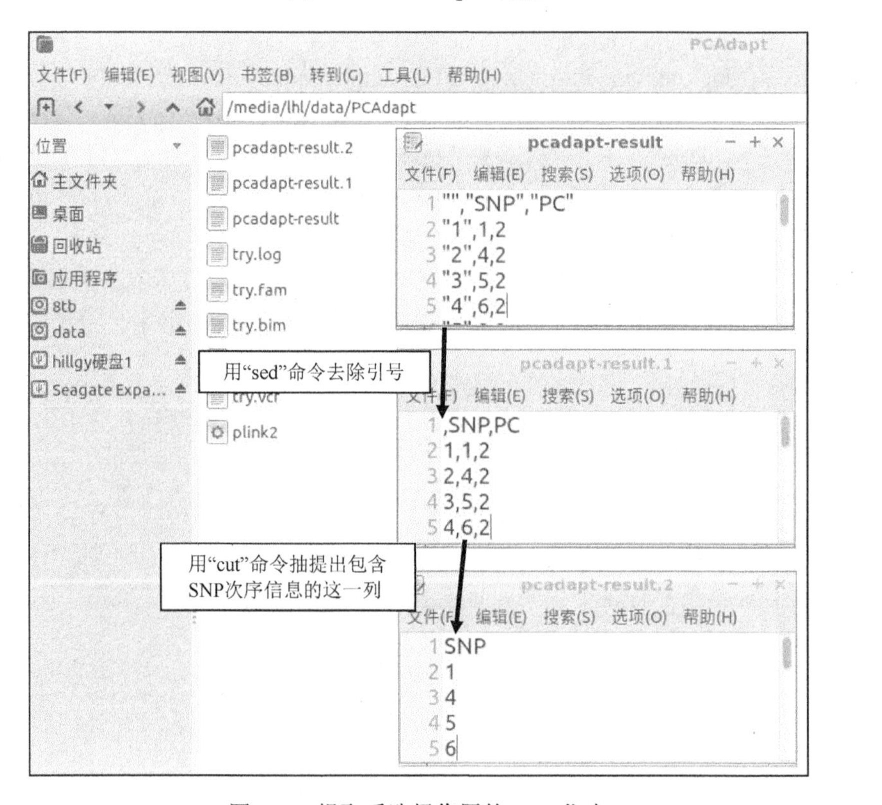


图 158 提取受选择作用的 SNP 位点

## 第二节　BayPass 分析

另一个分析受选择作用 SNP 位点的程序是“BayPass”，下载地址是 http://www1.montpellier.inra.fr/CBGP/software/baypass/download.html。下载完成后解压，进入其下面的“sources”目录，执行“make”，程序就可以编译成功，生成可执行文件“g_baypass”。

在执行“BayPass”分析之前，先下载两个数据格式转换工具，分别是“vcf2bayescan.pl”(https://github.com/santiagosnchez/vcf2bayescan)和“geste2baypass.py”(https://github.com/CoBiG2/RAD_Tools)，下载完成后，把这些程序和 SNP 文件（后缀名为“.vcf”格式，我的例子为“try.vcf”）共同拷贝到同一个目录下，如我拷贝到“/media/lhl/data/baypass”目录下，然后运行：

```
cd /media/lhl/data/baypass
```

进入程序和数据所在的目录，然后运行：

```
vcftools --vcf try.vcf --min-alleles 2 --max-alleles 2 --recode --recode-INFO-all
--out try.bi-allelic
```

先利用“vcftools”处理原始 SNP 文件（try.vcf），只保留有两个等位基因的位点。将保留后的 SNP 文件转换为“BayPass”格式，命令如下：

```
perl vcf2bayescan.pl -p popmap -v try.bi-allelic.recode.vcf
python geste2baypass.py bayescan.txt try.baypass
```

“vcf2bayescan.pl”是“perl”语言编写的，所以前面加“perl”；“popmap”是前面执行“dDocent”查找 SNP 过程中生成的文件（第九章）。转换完成后，执行“g_baypass”命令：

```
/media/lhl/data/baypass/baypass_2.2/sources/g_baypass -gfile try.baypass -outprefix
try -nthreads 48
```

其中“-outprefix”后面是输出结果名称前缀（读者可根据自己的要求更改）；“-nthreads”后面是计算机线程数。运行结束后会生成 6 个以“.out”为后缀的结果文件，其中“try_summary_pi_xtx.out”中的第 4 列数值将用于与阈值相比判断

SNP 位点是否受到选择作用（图 159）。之后运行：

```
cp try.baypass try.geno
```

把上面“BayPass”的输入文件“try.baypass”复制一份，改名为“try.geno”。然后利用“conda”命令安装“BayPass”分析中的依赖程序“mvtnorm”，命令如下：

```
conda activate R4
conda install -c conda-forge/label/cf202003 r-mvtnorm
```

进入“R4”环境，安装“mvtnorm”程序。安装完成后运行：

```
R
source("/media/lhl/data/baypass/baypass_2.2/utils/baypass_utils.R")
```

调用“BayPass”程序“utils”目录下的“baypass_utils.R”程序。抽样模拟，用于确定显著度阈值。运行：

```
pi.beta.coef=read.table("/media/lhl/data/baypass/try_summary_beta_params.out",
h=T)$Mean
bta14.data<-geno2YN("/media/lhl/data/baypass/try.geno")
omega=as.matrix(read.table("/media/lhl/data/baypass/try_mat_omega.out"))
simu.bta<-simulate.baypass(omega.mat=omega,nsnp=1000,sample.size=bta14.dat
a$NN,beta.pi=pi.beta.coef,pi.maf=0,suffix="btapods")
```

其中“try_summary_beta_params.out”和“try_mat_omega.out”都是前面执行“g_baypass”生成的结果；由于演示数据较小，“nsnp=1000”这个参数（抽样值）本书设置的较小，读者采用自己的数据时，这个参数可以适当放大，如 10 000、100 000 等；运行结束后，生成结果文件“G.btapods”。

```
quit()
```

退出 R。利用抽样的结果继续进行“BayPass”分析，运行：

```
/media/lhl/data/baypass/baypass_2.2/sources/g_baypass -gfile G.btapods -outprefix
anapod -nthreads 48
```

try_summary_pi_xtx.out

文件(F)　编辑(E)　搜索(S)　选项(O)　帮助(H)

| MRK | M_P | SD_P | M_XtX | SD_XtX | XtXst | log10(1/pval) |
|---|---|---|---|---|---|---|
| 1 | 0.88014608 | 0.06287154 | 14.32050296 | 5.16141910 | 9.16336980 | 0.11890306 |
| 2 | 0.88742871 | 0.05907993 | 12.00477561 | 4.32915965 | 14.03250457 | 0.42997239 |
| 3 | 0.86286429 | 0.05646277 | 12.61379516 | 4.14040312 | 16.75249367 | 0.67599120 |
| 4 | 0.83929359 | 0.06524342 | 13.65661902 | 5.20562155 | 17.10351905 | 0.71082391 |
| 5 | 0.85794986 | 0.05915574 | 12.65186259 | 4.37658522 | 16.48543465 | 0.64993298 |
| 6 | 0.85715746 | 0.06822006 | 13.46572923 | 4.74417285 | 10.18676673 | 0.16838927 |
| 7 | 0.84412649 | 0.06066968 | 14.21678400 | 4.23871410 | 17.04037071 | 0.70450959 |
| 8 | 0.90063473 | 0.05412404 | 11.18461642 | 4.34214794 | 8.71014025 | 0.09992471 |
| 9 | 0.85935640 | 0.05644560 | 12.44561597 | 4.19818391 | 15.37652217 | 0.54600862 |
| 10 | 0.86130664 | 0.06994802 | 13.14603787 | 5.07049922 | 9.45887722 | 0.13225485 |
| 11 | 0.86017685 | 0.06755190 | 13.30392945 | 5.15762187 | 9.48174852 | 0.13332022 |
| 12 | 0.85311194 | 0.06171731 | 12.46887971 | 4.48093069 | 15.13261573 | 0.52411505 |
| 13 | 0.87182934 | 0.06001753 | 13.74042421 | 5.09328668 | 9.99916173 | 0.15863870 |
| 14 | 0.87177009 | 0.06166843 | 11.21782578 | 4.24175772 | 12.34682784 | 0.30152573 |
| 15 | 0.89867352 | 0.06372918 | 10.83499045 | 4.39647527 | 10.65531326 | 0.19404530 |
| 16 | 0.86772168 | 0.05569670 | 10.77718999 | 3.91346091 | 13.13194010 | 0.35885054 |
| 17 | 0.85575297 | 0.05502283 | 13.64053205 | 4.30818794 | 17.46763203 | 0.74763571 |
| 18 | 0.87003747 | 0.05595756 | 13.35543679 | 4.23412730 | 12.23485976 | 0.29372112 |
| 19 | 0.84632133 | 0.05851296 | 12.50659048 | 4.16564675 | 15.66234231 | 0.57211657 |

图 159 “BayPass”运行结果—1

其中“G.btapods”是上面执行“simulate.baypass”生成的结果文件。再次执行“g_baypass”后，会生成一个“anapod_summary_pi_xtx.out”文件，在“R”环境下读取这个文件，用于确定阈值。命令如下：

```
R
```

进入 R 环境，执行：

```
pod.xtx=read.table("/media/lhl/data/baypass/anapod_summary_pi_xtx.out",h=T)$M_XtX
pod.thresh=quantile(pod.xtx,probs=0.99)
pod.thresh
```

结果如图 160 所示，演示数据计算的阈值是 19.207 96，对照“try_summary_pi_xtx.out”中的第 4 列数值，那么大于 19.207 96 的位点就有可能是受选择作用的位点，如图 161 中第 62 号 SNP 位点。可以把“try_summary_pi_xtx.out”文件用 excel 表打开，进行排序，筛选出大于阈值的位点；也可以用如下命令把大于阈值的 SNP 位点筛选出来（图 162），命令如下：

```
sed 's/    */ /g' try_summary_pi_xtx.out >try_summary_pi_xtx.1.out
```

由于“try_summary_pi_xtx.out”文件中每一列是由不同空格隔开的，这一命令是把几个空格转换为一个空格，其中“  *”中有两个空格，“*”是通配符。之后运行：

```
cut -d " " -f 2,5 try_summary_pi_xtx.1.out >try_summary_pi_xtx.2.out
```

几个空格转换（合并）为一个空格后，把其中包含 SNP 次序和结果所在列提取出来，然后运行：

```
sed "s/ /\t/g" try_summary_pi_xtx.2.out >try_summary_pi_xtx.3.out
```

把空格转换为制表符，然后运行：

```
awk '{ if ($2 >19.20796 ) print $0}' try_summary_pi_xtx.3.out >try_summary_pi_xtx.4.out
```

把第 2 列大于阈值的行抽提出来后输出该行的所有列（“print $0”）；如果是“print $1”，就是输出第 1 列，如果是“print $1，$3”，就是输出第 1 列和第 3 列。之后运行：

```
cut -f 1 try_summary_pi_xtx.4.out >try_summary_pi_xtx.5.out
```

输出包含 SNP 次序这一列，这样利用“BayPass”筛选受选择的位点就完成了。然而这个结果只提供了受选择 SNP 位点出现的次序，具体位点还需对照“.bim”文件得到（如图 157 中“PCAdapt”结果），并结合“PCAdapt”结果一起分析。

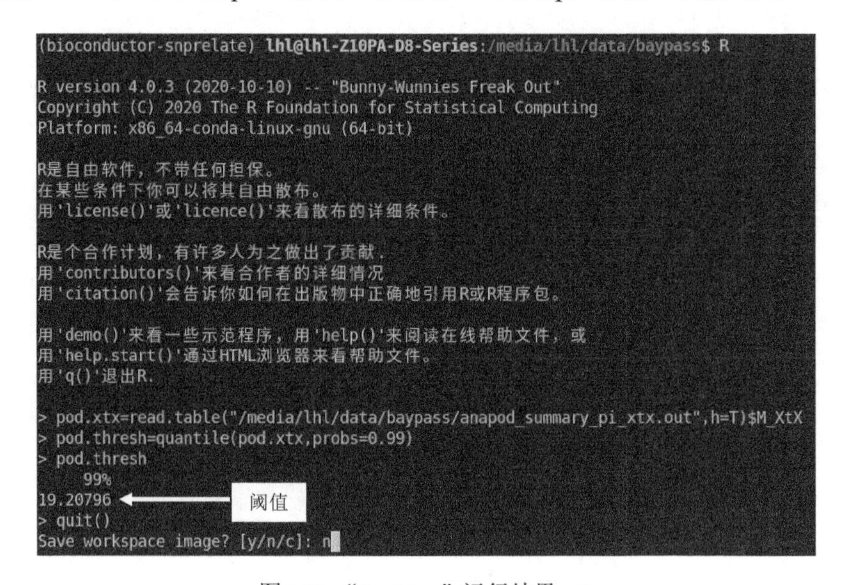


图 160 “BayPass”运行结果—2

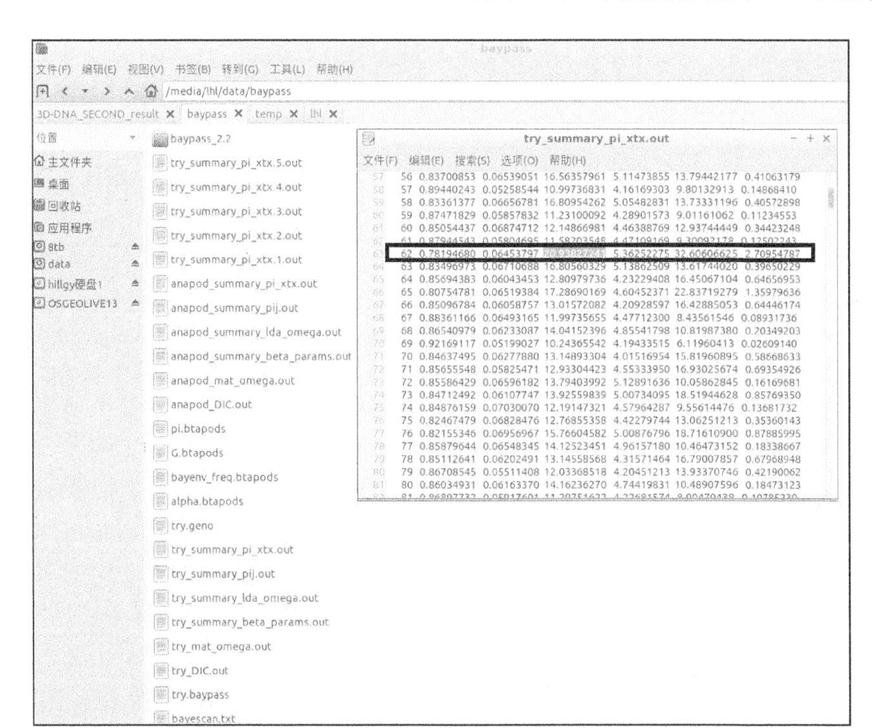

图 161　“BayPass” 运行结果—3

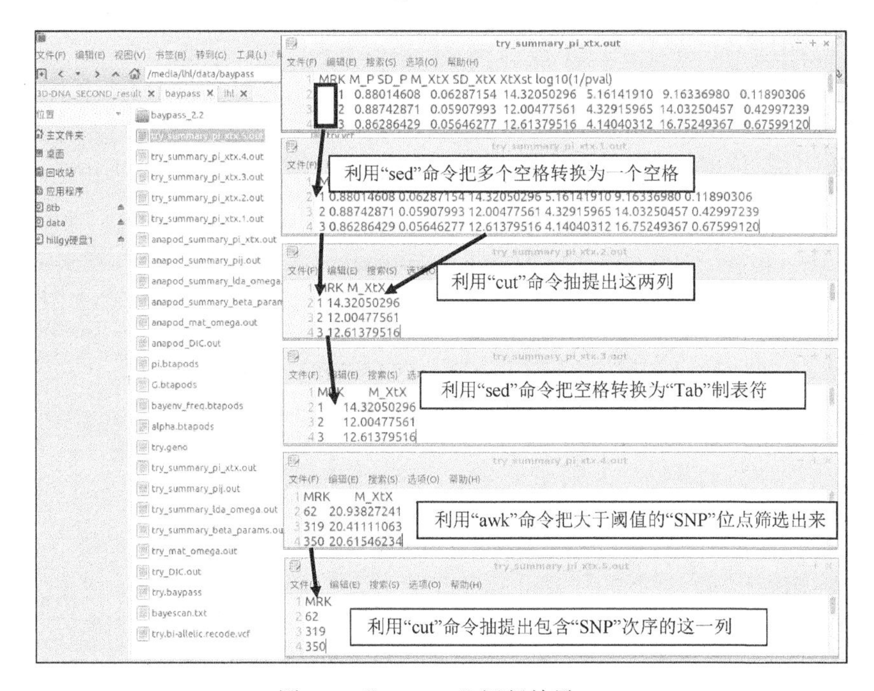


图 162　“BayPass” 运行结果—4

## 第三节　合并 PCAdapt 和 BayPass 结果

分别用“PCAdapt”和“BayPass”分析后，需要找出两者共同出现的 SNP 位点，作为最终确定的受到选择作用的位点，命令如下：

```
cd /media/lhl/data/combine_PCAdapt_baypass
grep -w -f pcadapt-result.2 try_summary_pi_xtx.5.out >combined.pcadapt.baypass.SNP
```

其中“pcadapt-result.2”是“PCAdapt”得到的结果（见第十一章第一节）；“try_summary_pi_xtx.5.out”是“BayPass”最后得到的结果（见第十一章第二节）；“-f”是指匹配文件(“file”的意思)中的内容，因此上面的命令是把“pcadapt-result.2”文件和“try_summary_pi_xtx.5.out”文件中匹配的内容提取出来；“-w”是完全匹配的意思，如对于“11”，它可以匹配“11”，也可以匹配“111”或者“1111”等，则提取的结果就会不正确，命令中加上“-w”就只能匹配“11”。这个命令运行结束后，找到的是两个程序共同出现的 SNP 次序值，并不是 SNP 位点，下面要通过这些次序找到对应的 SNP 位点，这需要“plink2”转换生成的“.bim”文件配合。首先利用“wc”命令确定 SNP 位点数量，打开 LX 终端，进入“.bim”文件所在的目录，运行：

```
wc -l try.bim
```

利用得到的数字（图 163），产生一个连续编号的序列文件，运行：

```
for i in {1..1304}; do echo $i >>number; done
cut -f 2 try.bim >SNP.loci
paste number SNP.loci >SNP.loci.1
```

上述 3 个命令生成的结果如图 164 所示，然后执行我编写的一个“bash”程序（“outlier-bash”）：

```
bash outlier-bash
```

这个程序需要用到两个文件“combined.pcadapt.baypass.SNP”和“SNP.loci.1”（图 165），即上面计算得到的（注意这两个文件名称不能更改）。运行结束后，就得到在“PCAdapt”和“BayPass”中都出现 SNP 位点的文件“final.outlier.SNP.loci”。之后运行：

```
lhl@lhl-Z10PA-D8-Series: /media/lhl/data/combine_PCAdapt_baypass
(base) lhl@lhl-Z10PA-D8-Series:~$
(base) lhl@lhl-Z10PA-D8-Series:~$
(base) lhl@lhl-Z10PA-D8-Series:~$
(base) lhl@lhl-Z10PA-D8-Series:~$ cd /media/lhl/data/combine_PCAdapt_baypass
(base) lhl@lhl-Z10PA-D8-Series:/media/lhl/data/combine_PCAdapt_baypass$ grep -w -f pcadapt-result.2 try_summary_pi_xtx.5.out >
combined.pcadapt.baypass.SNP
(base) lhl@lhl-Z10PA-D8-Series:/media/lhl/data/combine_PCAdapt_baypass$ wc -l try.bim
1304 try.bim
(base) lhl@lhl-Z10PA-D8-Series:/media/lhl/data/combine_PCAdapt_baypass$ for i in {1..1304}; do echo $i >>number; done
(base) lhl@lhl-Z10PA-D8-Series:/media/lhl/data/combine_PCAdapt_baypass$ cut -f 2 try.bim >SNP.loci
(base) lhl@lhl-Z10PA-D8-Series:/media/lhl/data/combine_PCAdapt_baypass$ paste number SNP.loci >SNP.loci.1
(base) lhl@lhl-Z10PA-D8-Series:/media/lhl/data/combine_PCAdapt_baypass$
(base) lhl@lhl-Z10PA-D8-Series:/media/lhl/data/combine_PCAdapt_baypass$ bash outlier-bash
4
1
2
3
4
(base) lhl@lhl-Z10PA-D8-Series:/media/lhl/data/combine_PCAdapt_baypass$ /media/lhl/data/vcftools  --vcf try.vcf --exclude-posi
tions final.outlier.SNP.loci --recode --recode-INFO-all --out try.without.outlier
```

确定SNP位点数目

图 163　合并“PCAdapt”和“BayPass”结果—1

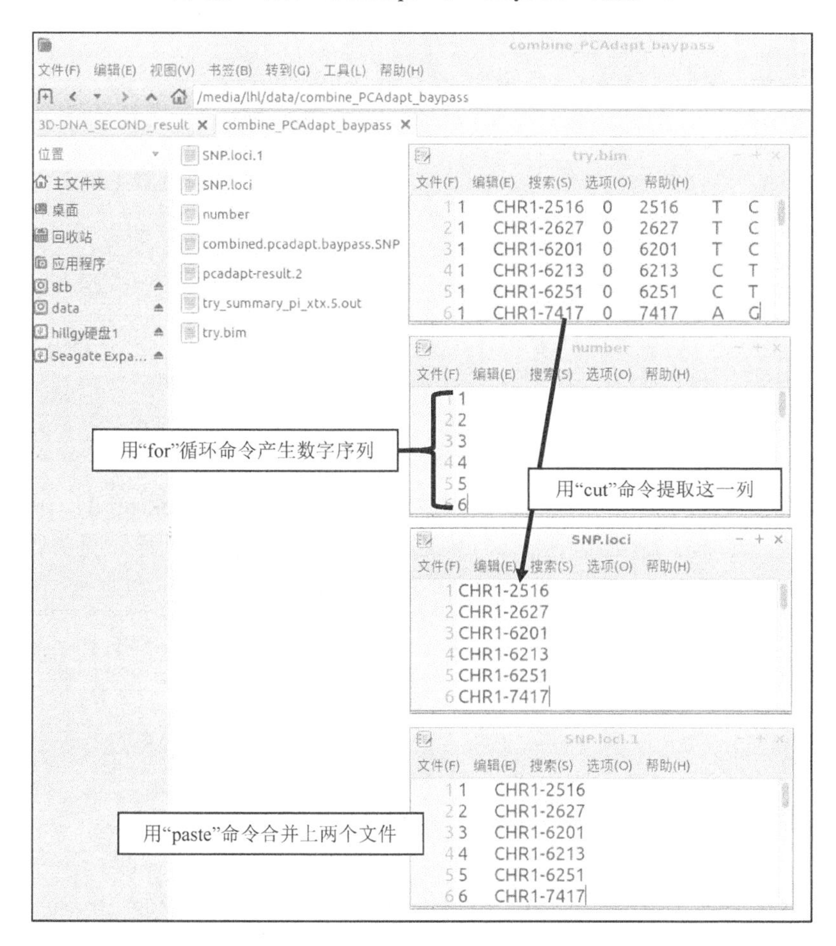


图 164　合并“PCAdapt”和“BayPass”结果—2

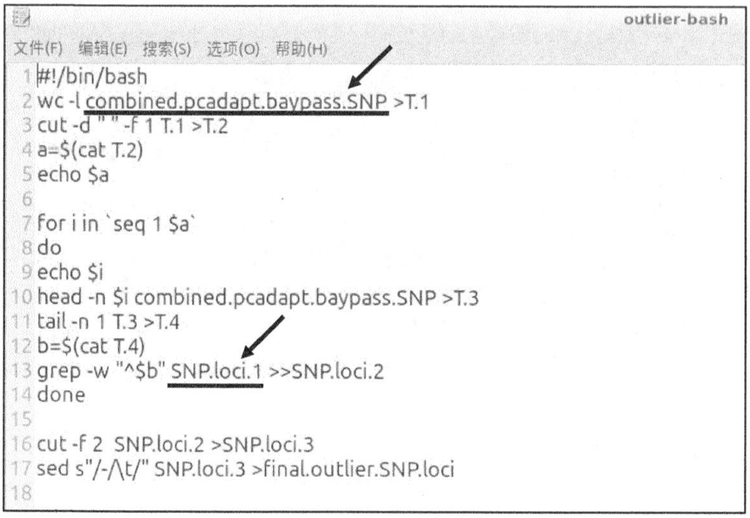

outlier-bash

文件(F) 编辑(E) 搜索(S) 选项(O) 帮助(H)

```
1 #!/bin/bash
2 wc -l combined.pcadapt.baypass.SNP >T.1
3 cut -d " " -f 1 T.1 >T.2
4 a=$(cat T.2)
5 echo $a
6
7 for i in `seq 1 $a`
8 do
9 echo $i
10 head -n $i combined.pcadapt.baypass.SNP >T.3
11 tail -n 1 T.3 >T.4
12 b=$(cat T.4)
13 grep -w "^$b" SNP.loci.1 >>SNP.loci.2
14 done
15
16 cut -f 2  SNP.loci.2 >SNP.loci.3
17 sed s"/-/\t/" SNP.loci.3 >final.outlier.SNP.loci
18
```

图 165 “outlier-bash”程序内容

vcftools --vcf try.vcf --exclude-positions final.outlier.SNP.loci --recode --recode-INFO-all --out try.without.outlier

利用“vcftools”工具把受到选择作用的 SNP 位点从原始“.vcf”文件（前文介绍的过滤低质量 SNP、去除 HWE 和 LD 后的文件）中去除，保留的 SNP 位点可以认为是中性的，可用于后面的 PCA 和 Admixture 遗传结构分析。

对于受到选择作用的 SNP 位点，它们有可能位于某个基因内。为此，可以通过比较受选择作用的 SNP 位点文件和基因注释文件（后缀名为“.gff3”），找到对应的基因。我编写了一个程序“sel_SNP_in_GENE_BASH- book-used”，可以很方便地执行这一过程。这个程序在运行中需要用到“bedtools”程序（见第四章第二节）。命令执行如下：

cd /media/psdz/14TB2/BLS_Groups/selected_snp_gene

进入相关目录，需包含基因注释文件“.gff3”（这一文件是第六章进行基因预测过程中执行“funannotate annotate”分析后得到的，在结果的“annotate_results”目录下）和受选择作用的 SNP 位点文件（图 166），然后运行：

bash sel_SNP_in_GENE_BASH-book-used final.outlier.SNP.loci Bretschneidera_sinensis.gff3

结果如图 167 所示。

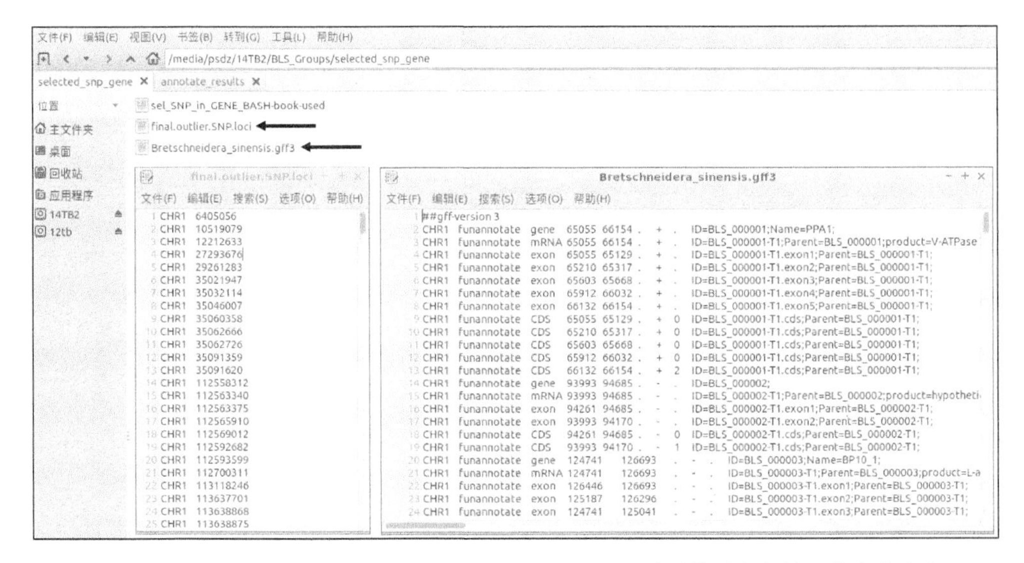


图 166　运行“sel_SNP_in_GENE_BASH-book-used”需要的两个文件及其文件内容

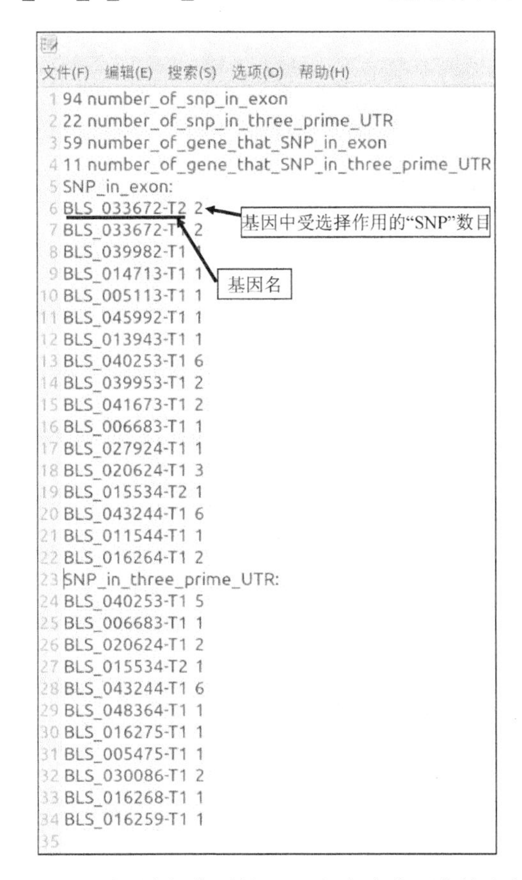


图 167　受到选择作用的 SNP 位点在基因中的分布

# 第十二章　遗传结构分析

## 第一节　PCA 分析

用于 SNP 的 PCA 分析工具很多，本章介绍的是“SNPRelate”程序，下载地址是 https://www.bioconductor.org/packages/release/bioc/html/SNPRelate.html）。打开一个新的 LX 终端，利用“conda”安装程序，如下：

```
conda create -n bioconductor-snprelate
```

创建一个名为“bioconductor-snprelate”的运行环境，然后运行：

```
conda activate bioconductor-snprelate
conda install -c bioconda/label/cf201901 bioconductor-snprelate
```

安装完成。启动 R 程序：

```
R
```

进入 R 环境，运行：

```
library(gdsfmt)
library(SNPRelate)
```

加载相应的库，启动“SNPRelate”（图 168），然后运行：

```
vcf.fn <- "/media/lhl/xqq/XQQ-HW-LD-no-outlier.recode.vcf"
```

读入数据，这里用的 SNP 数据是去除了受选择作用 SNP 位点的“.vcf”文件（见第十一章第三节），然后运行：

```
snpgdsVCF2GDS(vcf.fn, "test.gds", method="biallelic.only")
snpgdsSummary("test.gds")
genofile <- snpgdsOpen("test.gds")
```

```
snpset <- snpgdsLDpruning(genofile, method ="r", ld.threshold=2, slide.max.bp=1, autosome.only = FALSE)
snpset.id <- unlist(snpset)
pca <- snpgdsPCA(genofile,autosome.only=FALSE, snp.id=snpset.id,num.thread=48)
pc.percent <- pca$varprop*100
head(round(pc.percent, 3))
```

上述步骤中内容不用更改，可直接使用。最后用“head”命令展示的是 PCA 前三轴贡献率（图 169），然后运行：

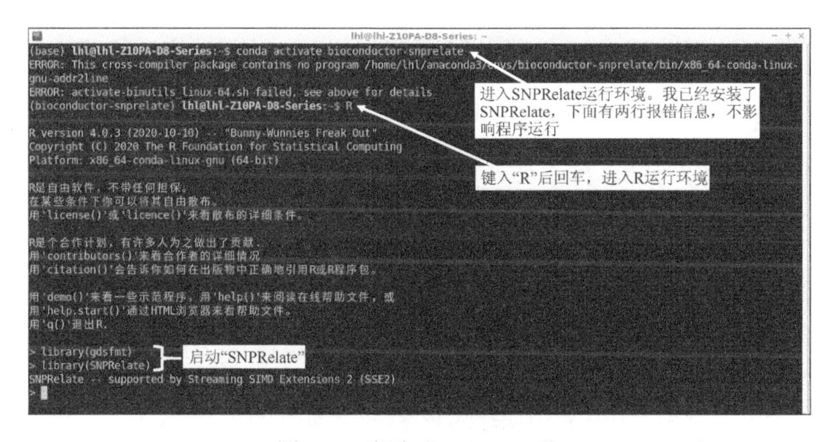


图 168 启动“SNPRelate”

```
Chromosome SCAFFOLD57: 100.00%, 451/451
Chromosome SCAFFOLD58: 100.00%, 42/42
Chromosome SCAFFOLD64: 100.00%, 36/36
Chromosome SCAFFOLD68: 100.00%, 69/69
Chromosome SCAFFOLD70: 100.00%, 427/427
Chromosome SCAFFOLD83: 100.00%, 3/3
Chromosome SCAFFOLD86: 100.00%, 1/1
Chromosome SCAFFOLD89: 100.00%, 3/3
Chromosome SCAFFOLD95: 100.00%, 2/2
Chromosome SCAFFOLD99: 100.00%, 6/6
Chromosome SCAFFOLD100: 100.00%, 3/3
Chromosome SCAFFOLD103: 100.00%, 6/6
Chromosome SCAFFOLD106: 100.00%, 2/2
Chromosome SCAFFOLD109: 100.00%, 15/15
Chromosome SCAFFOLD116: 100.00%, 1/1
Chromosome SCAFFOLD119: 100.00%, 3/3
Chromosome SCAFFOLD129: 100.00%, 2/2
Chromosome SCAFFOLD135: 100.00%, 1/1
4,672,433 markers are selected in total.
> snpset.id <- unlist(snpset)
> pca <- snpgdsPCA(genofile,autosome.only=FALSE, snp.id=snpset.id,num.thread=48)
Principal Component Analysis (PCA) on genotypes:
Excluding 0 SNP (monomorphic: TRUE, MAF: NaN, missing rate: NaN)
    # of samples: 124
    # of SNPs: 4,672,433
    using 48 threads
    # of principal components
PCA:    the sum of all selected
CPU capabilities: Double-Precision SSE2
Tue May  4 17:28:19 2021    (internal increment: 31412)
[==================================================] 100%, completed, 6s
Tue May  4 17:28:25 2021    Begin (eigenvalues and eigenvectors)
Tue May  4 17:28:25 2021    Done.
> pc.percent <- pca$varprop*100
> head(round(pc.percent, 3))
[1] 75.979 12.054  4.190  0.715  0.336  0.228
>
```

PCA前三轴(特征值) 可解释的变异比例(%)。本例显示第一轴解释了75.979%的变异

图 169 “SNPRelate”运行结果

```
tab <- data.frame(sample.id = pca$sample.id, EV1 = pca$eigenvect[,1], EV2 = pca$eigenvect[,2], EV3 = pca$eigenvect[,3], stringsAsFactors = FALSE)
write.csv(tab, "/media/lhl/xqq/pca.result.csv")
```

把前三轴的结果输出到“pca.result.csv”文件中。

## 第二节　Admixture 分析

Admixture 分析类似于 STRUCTURE 分析，读者可以先参考《分子生态学与数据分析基础》这本书，了解遗传结构分析内容，这里不再赘述。Admixture 分析就是利用“admixture”程序开展遗传结构分析，读者可以单独使用这个程序，但后期数据整合、处理比较烦琐。因此，这里介绍利用“admixturePipeline”程序，即一个集成包进行分析。程序下载地址是 https://github.com/stevemussmann/admixturePipeline/releases/tag/v2.0.2，下载“.zip”和“.tar.gz”两种格式均可，下载完成后，双击鼠标解压缩，无须安装就可以使用。然而 admixturePipeline 运行分析依赖其他 3 个程序，即“plink”、“vcftools”和“admixture”（图 170）。“plink”和“vcftools”前面已经介绍，“admixture”可以到 https://github.com/stasundr/admixture/releases 网站下载，或者利用“conda install -c bioconda/label/cf201901 admixture”命令安装。如果不是在“conda”设置的虚拟环境中，“conda”安装的程序可在全局使用，不用提供路径。如果是单独安装这 3 个程序，需要把它们拷贝到同一目录后，执行：

```
export PATH=/media/psdz/14TB2/BLS_Groups/Admixture:$PATH”
```

设置环境变量，使得这 3 个命令可以在不同目录下直接调用执行。把“dDocent”（第九章）运行后得到的“popmap”，以及去除受选择作用的 SNP 位点后的“.vcf”文件拷贝到“admixturePipeline”解压的目录下（图 171），然后运行：

```
cd /media/psdz/14TB2/BLS_Groups/Admixture/admixturePipeline-2.0.2
python admixturePipeline.py -m popmap -v FINAL.HW.LD.bi-allelic.recode.vcf -K 10 -n 32
```

程序默认每个 *K*（分组值）值，重复运算 20 次，“-n”后面是计算机线程数。如果运行中出现“Half-missing call in .ped file”报错提示，要重新生成一个去除非完整 SNP 位点（有些 SNP 位点中另一个碱基不明确，如 A/?、G/?等形式的就是非完整 SNP 位点）的“.vcf”文件。方法如下：

```
plink --vcf FINAL.HW.LD.bi-allelic.recode.vcf --allow-extra-chr --out nohalf --make-bed --keep-allele-order --vcf-half-call m --threads 32
```

其中“--vcf”后面是需要去除非完整位点的“.vcf”文件；“--out”是输出文件的前缀（读者可更改）；“--threads”后面是计算机线程数；其他设置无须改动。之后运行：

```
plink --bfile nohalf --allow-extra-chr --recode vcf --out final.nohalf --threads 32
```

其中“--bfile”后面是上一个“plink”运行得到的结果前缀；“--allow-extra-chr --recode vcf”这两个设置是固定用法，不需要更改；“--out”后面是新生成的结果文件的前缀；“--thread”后面是计算机线程数。程序运行结束会生成一个“final.nohalf.vcf”文件，然后用这个文件重新执行 admixturePipeline，即：

```
python admixturePipeline.py -m popmap -v final.nohalf.vcf -K 10 -n 32
```

“admixturePipeline”运行结束后，生成一个“results.zip”文件和一个以“_cv_summary.txt”为后缀的文件，“_cv_summary.txt”用于辅助判断分组情况（分几组）。首先运行：

```
python cvSum.py -c final.nohalf_cv_summary.txt -o BLS.cv.txt
```

运行完成后会生成一个“.cv.txt”文件和一个以“.png”为后缀的图片文件，打开图片文件（图 172），可以看到随着分组数值（$K$）的增加，对应的交叉验证误差值（cross-validation error）的变化情况。一般来说，交叉验证误差值最小是最合适的分组值，但实际情况比较复杂，需综合判断。如图 172 所示，交叉验证误差值一直在下降（图中长直线代表重复 20 次的中位数，框和圆点分别代表四分位数和异常值），不好判断分组值。此时可以参考《分子生态学与数据分析基础》一书中介绍的方法进行判断。如本例中，交叉验证误差值在分组“2”之后减小的趋势变缓，同时分组“2”时的交叉验证误差值本身的变化幅度也是最小的，因此可以基本判断分为两组较为合适。在确定分组值后，需要分析计算每个个体在每组中成分比例（如本例中如果分成两组，可以假设为 A 组和 B 组，那么对于分析的每个个体，它有多少成分比例是由 A 组构成，又有多少成分比例是由 B 组构成），可以把“results.zip”和“popmap”这两个结果文件上传到 http://clumpak.tau.ac.il/网站，运行“CLUMPAK”程序进行分析（图 173）。计算结束后，运行结果会

图 170 “admixturePipeline”分析需要用到的程序

图 171 “admixturePipeline”分析需用到的文件

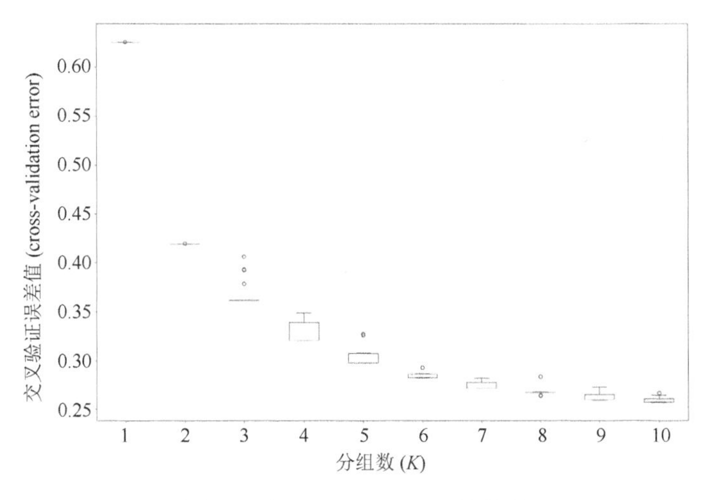


图 172　“admixturePipeline”结果

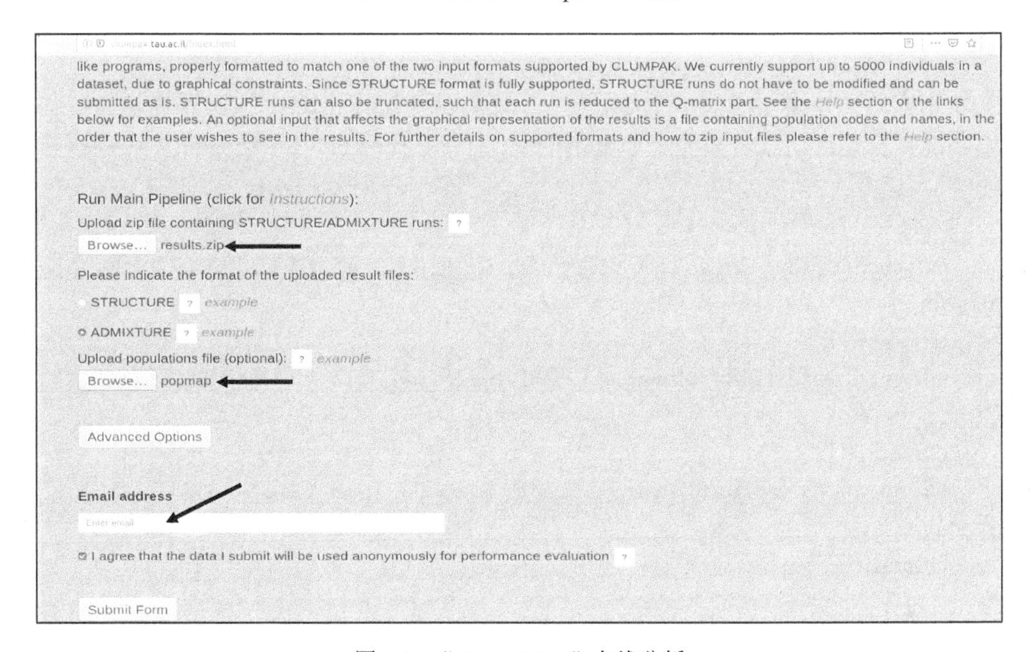


图 173　“CLUMPAK”在线分析

通过电子邮件的方式通知读者，读者点击链接就可以在网页上下载结果（如果下载结果出现问题，可尝试使用 Google Chrome 浏览器下载，不要用 Firefox 浏览器），并下载结果的压缩包。解压后，文件结果包含了所有 *K* 值（分组数）的计算结果，读者找到对应的 *K* 值，打开下面的“MajorCluster”目录，再打开“CLUMPP.files”目录，结果在“ClumppIndFile.output”文件中，然后可参考《分子生态学与数据分析基础》一书中的相关内容进行作图。

如果不想进行网页在线分析，也可以下载“CLUMPAK”程序（图 174）进行本地分析。下载完成后，解压缩，再解压“26 _03_2015_CLUMPAK.zip”文件（图 175），然后把“admixturePipeline”运行的结果“results.zip”和“dDocent”运行后生成的“popmap”文件拷贝到其中的“CLUMPAK”目录下（图 176），然后安装“CLUMPAK”依赖程序：

```
conda install -c bioconda/label/cf201901 perl-app-cpanminus 或 sudo apt-get install cpanminus
conda install -c dan_blanchard perl-file-slurp
conda install -c bioconda/label/cf201901 perl-archive-extract
conda install -c bioconda/label/cf201901 perl-archive-zip
conda install -c jacksongs pdftables
cpanm PDF::Table
cpanm List::Permutor
```

安装完成后（如果读者安装上述程序后，在执行“CLUMPAK”时还提示有依赖程序没有安装，请读者按照上面介绍的方法利用“conda”或“cpanm”命令自行安装），运行：

```
cd /media/psdz/12tb/software/CLUMPAK/26_03_2015_CLUMPAK/CLUMPAK/mcl/bin
chmod 777 *
cd /media/psdz/12tb/software/CLUMPAK/26_03_2015_CLUMPAK/CLUMPAK/CLUMPP
chmod 777 *
cd /media/psdz/12tb/software/CLUMPAK/26_03_2015_CLUMPAK/CLUMPAK/distruct
chmod 777 *
```

进入“CLUMPAK”下不同目录，利用“chmod”命令更改其中的文件属性，使这些文件成为可执行文件，然后运行：

```
cd /media/psdz/12tb/software/CLUMPAK/26_03_2015_CLUMPAK/CLUMPAK
perl CLUMPAK.pl --inputtype admixture --id CR --dir /media/psdz/12tb/software/CLUMPAK/26_03_2015_CLUMPAK/CLUMPAK --file results.zip --indtopop popmap
```

其中“--inputtype admixture”是指需要分析是“admixture”生成的结果；CLUMPAK

是针对“STRUCTURE”（请见《分子生态学与数据分析基础》一书）和“admixture”结果进行后期分析，因此“--inputtype”要求读者提供需要进行分析的数据是由“STRUCTURE”还是“admixture”分析后生成的；“--id”后面是程序运行结束后生成的结果文件名（读者可更改为其他名字），这个结果文件是一个压缩文件，需要解压后查看所有结果；“--dir”是“CLUMPAK”运行中需要调用的其他程序的位置（即在“/media/psdz/12tb/software/CLUMPAK/26_03_2015_ CLUMPAK/CLUMPAK”这个目录下，读者的目录和我的会不同）；“--file”和“indtopop”后面分别是“admixture”得到的结果文件和种群信息文件。

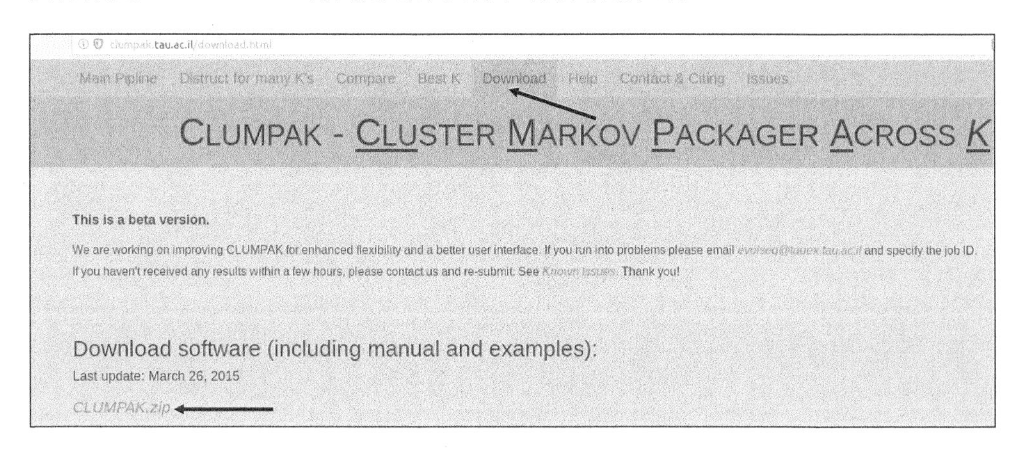


图 174 “CLUMPAK”程序下载

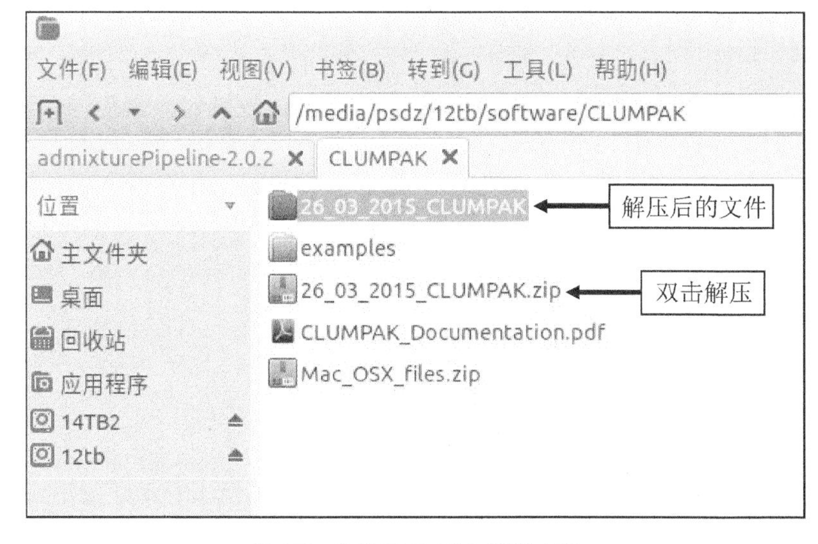


图 175 “CLUMPAK”程序文件

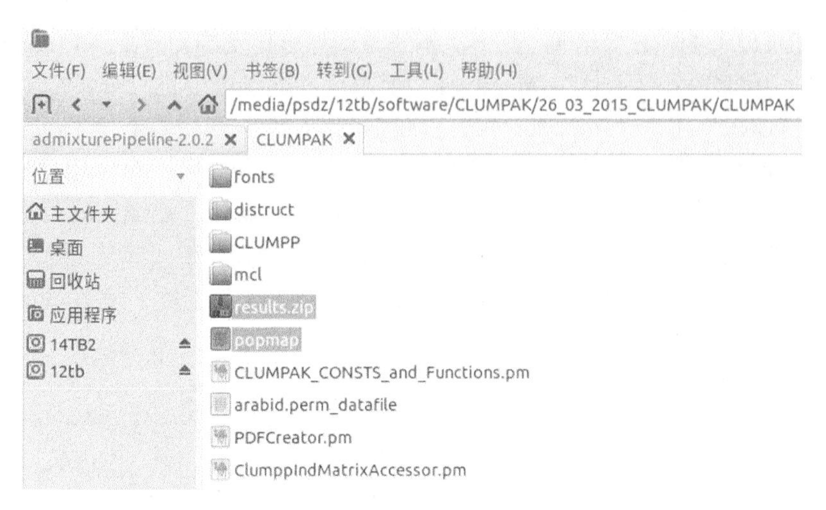


图 176　准备用于“CLUMPAK”分析的文件